JUILLET 1926

LE DOMAINE

DU TREMBLAY

SA FROMAGERIE

René ROLLET
Lauréat
de la Sté des Agriculteurs de France

THÈSE AGRICOLE

LE DOMAINE DU TREMBLAY

SA FROMAGERIE

THÈSE AGRICOLE

soutenue en juillet 1926

A L'INSTITUT AGRICOLE DE BEAUVAIS

devant

MM. les Délégués de la Société des Agriculteurs de France

· par

RENÉ ROLLET

Lauréat de la Société des Agriculteurs de France

BEAUVAIS

IMPRIMERIE DÉPARTEMENTALE DE L'OISE

26, rue de Malherbe, 26

—

1926

A MES CHERS PARENTS

Hommage d'affection
et de filiale reconnaissance

INTRODUCTION. — PROJET DE THESE

Dans certaines régions de la France, en Normandie principalement, l'industrie laitière prend chaque jour un accroissement plus considérable. C'est là une industrie qui existe depuis longtemps déjà et qui ne fera qu'augmenter avec le temps, car le peuple a senti qu'il y avait là une des bases essentielles de l'alimentation, d'une valeur nutritive considérable, tout en restant d'un prix très abordable, proportionnellement aux autres denrées. Le lait et ses produits sont en effet des aliments sains et nutritifs qui entrent de plus en plus dans l'alimentation, pour le plus grand bien de ceux qui les emploient.

Que faut-il donc pour rendre cette industrie vraiment rémunératrice ?

Avant tout, savoir la diriger économiquement de telle sorte que ses produits et sous-produits lui donnent le maximum de bénéfices, lui permettant ainsi de lutter avec plus de force et plus de chances de succès sur le marché mondial.

Nous nous proposons d'étudier ici la fabrication des produits et l'utilisation des sous-produits de *la fromagerie du « Domaine du Tremblay », où nous avons le plaisir de séjourner depuis long-temps déjà.*

Nous étudierons, en les séparant bien nettement, les deux points principaux de cette industrie : d'abord la fabrication du beurre et du fromage de Camembert, ensuite l'utilisation des sous-produits, qui, malheureusement, ne procure généralement pas dans une laiterie tous les bénéfices qu'elle serait en mesure de fournir.

RENÉ ROLLET.

Première Partie

CHAPITRE PREMIER

Généralités sur le département de l'Eure

Le département de l'Eure doit son nom à la rivière de l'Eure, qui le traverse du sud au nord pour aller se jeter dans la Seine.

Il est situé dans le Nord de la France et a pour limites : au nord, la Seine-Inférieure ; à l'est, l'Oise et la Seine-et-Oise ; au sud, l'Eure-et-Loire et l'Orne ; à l'ouest, le Calvados.

La superficie du département de l'Eure est de 603.700 hectares. Sa plus grande largeur, du sud au nord est de 100 kilomètres, et sa plus grande longueur, de l'est à l'ouest, est de 115 kilomètres.

Au point de vue général, le département de l'Eure peut se diviser en six grandes plaines ou plateaux crayeux d'aspect assez uniforme, séparés par de riantes vallées et prairies.

Le premier de ces plateaux est le « Vexin Normand », dont l'altitude moyenne oscille entre 100 et 120 mètres. Il comprend surtout des forêts, mais possède aussi quelques belles cultures.

Le deuxième plateau, à peu près identique au premier, a sensiblement la même altitude.

Le troisième comprend la plaine de Saint-André et la partie du Perche dépendant du département de l'Eure. Il a une altitude moyenne de 150 mètres et renferme quelques belles forêts.

Le quatrième se divise en trois parties : au nord, le Roumois, qui est la partie la plus basse du département ; au centre, la plaine du Neubourg, et au sud les plateaux de Conches et de Breteuil. Il comprend de très bonnes terres de culture ainsi que de magnifiques forêts. Son altitude moyenne est de 160 mètres.

Le cinquième plateau porte le nom de « Pays d'Ouche », situé au sud-ouest du département. C'est sur ce plateau, près du Mesnil-Rousset, aux confins du département de l'Orne, que se trouve le point culminant du département de l'Eure, avec 241 mètres. Ce plateau est beaucoup moins fécond que les précédents.

Enfin, le sixième plateau ou « plaine du Lieuvin » est célèbre par ses herbages renommés qui s'étendent entre la Charentonne, la Rille et le département du Calvados.

Situation

La fromagerie du « Domaine du Tremblay », que nous nous proposons d'étudier, se trouve dans l'arrondissement de Bernay, au nord-est du département de l'Eure, situé dans une charmante vallée arrosée par la Charentonne et le Crosnier.

Bernay, le chef-lieu d'arrondissement, est une gentille cité normande d'environ 10.000 âmes, dotée de beaux monuments historiques dont les plus anciens remontent au xive siècle.

La ligne de Paris-Cherbourg, qui dessert Bernay, permet, grâce aux nombreuses lignes secondaires, de mettre toute la région en communication facile avec les principaux centres d'expédition.

Hydrographie

L'Eure, qui a environ 225 kms de parcours, dont 134 dans le département auquel elle a donné son nom, prend sa source dans le département de l'Orne, à 234 mètres d'altitude, et va se déverser dans la Seine, à 8 mètres d'altitude en amont de Pont-de-l'Arche, après s'être grossie dans le département, de l'Avre, de l'Iton et du rû de Radon.

La Rille, qui a un parcours de 128 kms, a son origine dans le département de l'Eure, au pied des buttes de Louvigny, à 309 mètres d'altitude, pour aller se jeter dans la Seine, près de la pointe de la Roque.

La Charentonne, qui a une longueur de 65 kms, prend sa source dans la forêt de Saint-Evroult (Orne), à 309 mètres d'altitude, entre dans le département de l'Eure en amont de Notre-Dame-du-Hamel, baigne Mélicourt et Saint-Pierre-de-Cernières et reçoit à gauche le Guiel (20 kms), à la Trinité-du-Mesnil-Josselin, passe à Saint-Vincent-la-Rivière, à Broglie, à Ferrières-Saint-Hilaire et à Bernay et, après avoir reçu, dans la région de Pont-Audemer, la Véronne, le Sébec, la Corbrie et les ruisseaux des Godeliers, de Foulbec et du Doult-Héroult, va se jeter dans la Rille à Nassandres.

L'Eure et la Rille sont navigables, la Charentonne est flottable.

Climat

Au point de vue climatérique, cette région de la Normandie fait partie de la zone du climat séquanien ou parisien. Le climat tempéré est dû à deux causes principales : le peu d'élévation du sol et surtout le voisinage de la mer. Ce climat est aussi humide et variable, sans cependant présenter de froids ou de chaleurs extrêmes.

La température moyenne de la région est de 11°. On compte en moyenne 118 jours de pluie, 16 d'orages et 22 de brouillards. On estime qu'il tombe généralement une hauteur d'eau annuelle de 650 $^m/_m$.

Le vent d'ouest est le plus fréquent ; il amène la pluie ; celui du sud, les orages. Les vents d'est et du nord présagent ordinairement le beau temps.

Géologie

Le sol du département de l'Eure est d'une manière générale très fertile, sauf dans le **pays** d'Ouche, qui est à peu près stérile à cause des terres à minerai qu'il renferme en grande quantité.

De vastes plateaux assez uniformes, où l'on rencontre principalement l'argile à silex, dominent dans la majeure partie de cette région.

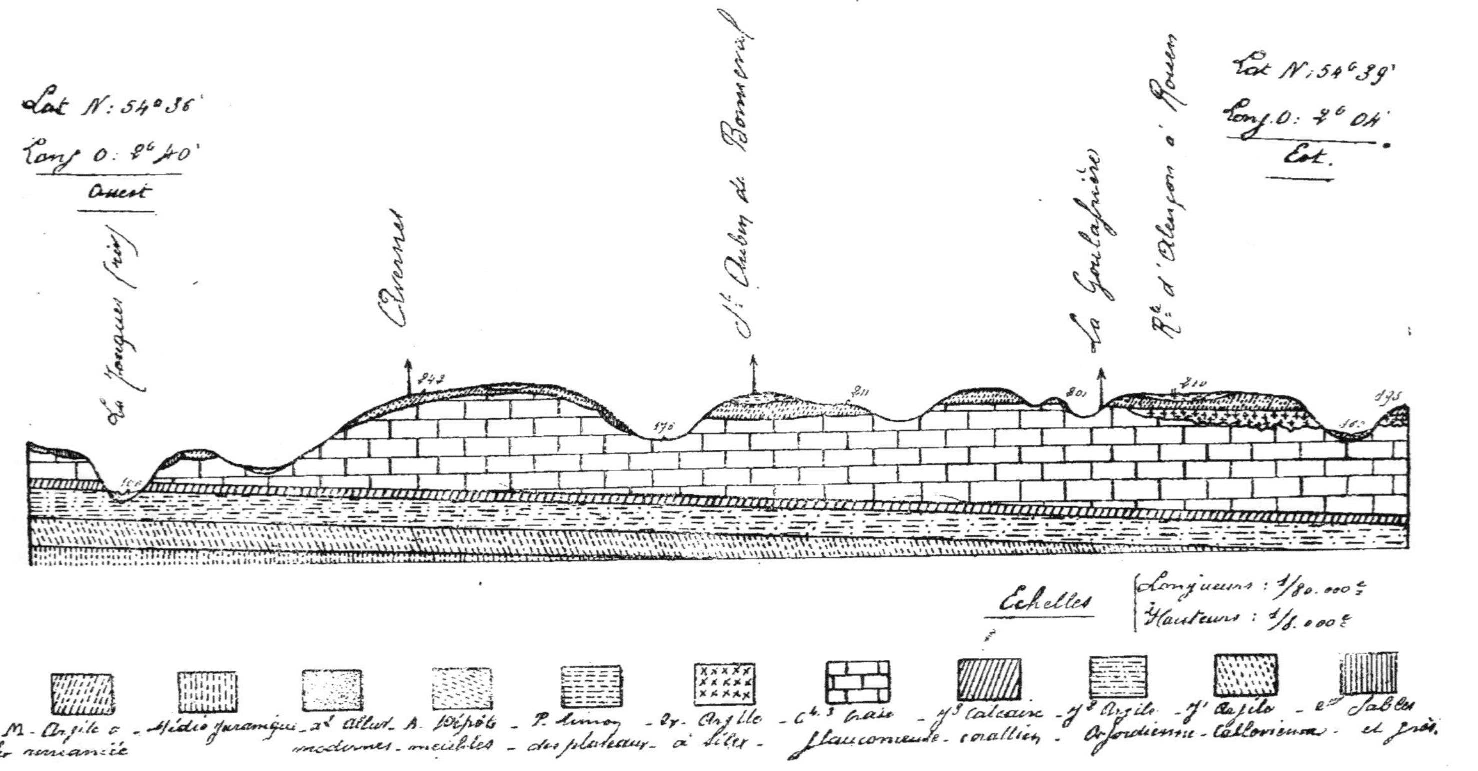

Lat N: 54°36'
Long O: 2°40'
Ouest
La Jougues (vrais)
Avernes
St Auben de Bonneval
La Goulafrière
Rte d'Alençon à Rouen
Lat N: 54°39'
Long.O: 7°04
Est.
Echelles
Longueurs : 1/80.000e
Hauteurs : 1/8.000e
M. Argile à ... remaniée
Médio juramique modernes
a² Allut. A meubles
Dépôts des plateaux
P. Limon à silex
2r. Argile
c⁴·³ Gaize glauconieuse
y³ Calcaire corallien
y³ Argile Oxfordienne
y¹ Argile Callovienne
e⁴ Sables et grès

Les différents terrains constituant les assises du sous-sol appartiennent aux systèmes secondaires, tertiaires et quaternaires.

Le secondaire est représenté par le jurassique supérieur (callovien et oxfordien) et le crétacé supérieur (turonien et cénomanien), le système tertiaire par l'éocène inférieur (sparnacien) et le quaternaire par l'holocène et le pléistocène.

TERRAINS SECONDAIRES

Le *callovien* (J') comprend trois zones : à la partie supérieure, les calcaires ferrugineux, avec l'*ammonites coronatus,* à la partie moyenne les calcaires sableux à *ammonites modiolaris,* et enfin, à la partie inférieure, les calcaires argileux avec le *terebratula digona* et l'*ammonites macrocephalus.*

Il n'y a aucun affleurement dans la région immédiate.

L'*oxfordien* (J²), avec l'argile de Dives ou argile oxfordienne, d'une épaisseur variant entre 10 et 30 mètres.

Elle présente à sa partie supérieure des assises de grès quartzeux ferrugineux et cette couche est fortement colorée en jaune par les grès ferrugineux ; on y rencontre surtout l'*ammonites cordatus.*

Au-dessous des assises de grès, on rencontre des argiles bleuâtres très compactes et riches en fossiles. On y trouve principalement l'*ostrea dilatata* et la *belemnites pastalus.*

Cette argile, qui retient fortement l'humidité, va affleurer dans la vallée d'Auge à laquelle elle donne ses pâturages incomparables.

Le *calcaire corallien* est de peu d'importance et son affleurement dans la vallée de la Touques n'a guère plus de 10 mètres d'épaisseur.

Il se présente sous la forme d'un calcaire oolithique de couleur blanchâtre contenant beaucoup de polypiers. On l'exploite comme pierre à chaux ou pierre de taille.

Le *cénomanien*, ou craie glauconieuse, a une épaisseur moyenne, dans la région, de 40 à 50 mètres. Cette couche comprend une série d'assises dont il est très rare de rencontrer un affleurement.

Dans les couches supérieures, la craie est d'une belle couleur blanche, assez marneuse, et on remarque à sa surface de nombreux petits points verts de glauconie. Quand on la prend dans la main elle s'effrite facilement. On y trouve un fossile caractéristique : l'*holaster subglobosus*, avec de fines baguettes d'oursin.

Cette craie renferme des silex noirs ou gris à contours assez réguliers, dont la surface se désorganise peu à peu pour se fondre dans la masse de la craie.

Au-dessous, on trouve des couches marneuses contenant déjà beaucoup plus de glauconie et où l'on rencontre de nombreux fossiles, principalement le *nautilus elegans, ammonites rotomagensis,* etc...

R. R.   2

Ensuite viennent des couches d'une craie moins glauconieuse, mais très sableuse, de couleur jaunâtre et renfermant quelques parcelles de mica, ainsi qu'un grand nombre de silex spongiaires. Les principaux fossiles sont : *ammonites mantelli, ostrea carinata,* etc...

Enfin, tout à fait à la base, on trouve des couches argilo-sableuses d'une couleur nettement verte et très chargées de glauconies. Quand elles sont humides, ce qui arrive fréquemment, elles prennent une couleur presque noirâtre. On y rencontre des nodules de phosphates de chaux et comme fossile : l'*ostrea vesiculosa.*

Les quelques affleurements de cette craie glauconieuse portent une végétation assez forte quand la glauconie retient l'humidité. Au contraire, si l'on a affaire à la couche sableuse, la craie sèche et pauvre ne porte qu'une mauvaise végétation : genêts, genévriers, etc...

Le *turonien,* ou craie marneuse, est presque toujours placé juste au-dessous de l'argile à silex.

D'après les affleurements qui existent dans la région, l'épaisseur de cette craie varie entre 15 et 20 mètres.

Les vallées de la Charentonne, de la Rille et de l'Iton sont creusées dans cette craie de couleur blanchâtre ou grisâtre.

A la partie supérieure de la couche, on rencontre des silex noirs de formes bizarres et sans aucune régularité.

Les principaux fossiles qu'elle renferme sont : la *terebratulina gracilis* dans la partie supérieure, le *rhynchonella cuvieri* dans la partie moyenne, et enfin de *belemnites plenus* à la partie inférieure.

On l'exploite dans de nombreuses carrières à ciel ouvert pour le marnage des champs et à certains endroits pour la chaux hydraulique.

L'*argile à silex* recouvre en majeure partie le flanc des vallées et les plateaux de la région. Elle est formée d'une argile rouge renfermant de nombreux silex, parfois assez gros et qui ne sont ni usés ni altérés. Elle repose toujours sur des assises de craie marneuse qu'elle creuse en forme de grandes poches coniques atteignant parfois une profondeur de 15 à 20 mètres, comme on peut le remarquer aux environs de Bernay, de la Trinité-de Réville et de Ferrière-sur-Rille.

Les silex qu'elle contient sont employés comme matériaux d'empierrement.

TERRAINS TERTIAIRES

L'éocène supérieur est représenté par le sable et les grès à pavés qui font partie de la grande formation du sparnacien (argile plastique). Ces sables se présentent sous deux aspects nettement caractérisés : ou bien ils sont à l'état divisés, quartzeux, cristallins et assez durs pour être utilisés en verrerie, ou bien ils sont agglutinés et forment des blocs de grès très durs.

Ce grès, qui renferme par endroits des silex roulés, se rencontre en bancs importants mais isolés à Broglie, Saint-Laurent-des-Grès, la Trinité-de-Réville, etc..., où il est exploité pour faire des empierrements.

A certains endroits, ces grès sont ferrugineux et contiennent de 8 à 10 % de fer, quantité beaucoup trop faible pour qu'on puisse les exploiter avantageusement.

Sur quelques plateaux, ces grès sont recouverts d'une argile à silex remaniée renferment des silex beaucoup plus fragmentés et beaucoup plus petits que celle étudiée précédemment, mais dont la composition est à peu près identique.

TERRAINS QUATERNAIRES

Le *pléistocène*, ou *limon des plateaux*, recouvre à peu près en totalité les parties élevées de la région. C'est généralement une terre de couleur foncée, contenant peu ou pas de cailloux et formée d'argile, de grains de sable fin, de quartz, etc... Bien qu'il soit assez pauvre en chaux, il forme, à Notre-Dame-du-Hamel, à Verneusses, à la Goulafrière et Montreuil-d'Argillé, des terres de première catégorie et constitue des plaines très riches qui sont le commencement des champs fertiles du Lieuvin.

Quand il surmonte une couche glaiseuse qui le rend presque imperméable, il donne de bons herbages et facilite l'établissement de nombreuses mares indispensables à l'élevage du bétail.

Les *alluvions anciennes* sont toujours plus ou moins caillouteuses et renferment des silex ressemblant beaucoup à ceux de l'argile, mais qui sont beaucoup plus usés. Elles recouvrent les

deux bords de la vallée de la Rille, en s'élevant
jusqu'à la côte de 184 mètres entre la Neuve-Lyre
et Rugles.

Les *alluvions modernes de l'holocène* occupent
le fond des vallées et sont généralement limoneuses.
Grâce à elles, les communes assises sur les rivières
possèdent des prairies soigneusement irriguées et
s'enrichissent chaque jour par l'apport de particules limoneuses fertiles que leur amènent les eaux
courantes qui ont lavé les plaines adjacentes. Les
analyses ont montré que ces alluvions contenaient
grandement assez d'azote, une proportion d'acide
phosphorique suffisante, mais des quantités de
chaux et surtout de potasse beaucoup trop faibles.
La végétation y est exubérante, surtout quand
l'irrigation est bien conduite, mais la qualité des
produits laisse souvent à désirer, à cause de l'insuf-
fisance des matières minérales, par rapport à
l'azote. On est arrivé cependant à y créer des herbages et des vergers assez rémunérateurs.

Le *dépôt meuble sur les pentes* se rencontre à la
surface d'un certain nombre de vallons secs du
canton de Broglie, qu'il garnit ainsi d'une terre
profonde favorable à l'existence de petits herbages.
Ces dépôts, qui proviennent du remplissage des
dépressions par des limons entraînés du sol supérieur, se présentent généralement sous la forme
d'un limon argileux, brunâtre, plus ou moins fin,
assez riches en éléments minéraux.

LA FROMAGERIE

La fromagerie du « Domaine du Tremblay », société anonyme au capital de 1.200.000 francs entièrement libéré, a son siège social au Tremblay, commune de la Goulafrière (Eure) et son siège administratif, 2, rue des Petits-Pères, à Paris.

Cette société possède deux laiteries : une au Domaine du Tremblay, qui est la maison principale, et une autre à Notre-Dame-du-Hamel, ainsi que deux scieries mécaniques à la Trinité-de-Réville (Eure) et à Saint-Pierre-sur-Dives (Calvados). La première fabrique surtout des boîtes et caisses d'emballage pour les fromages, tandis que la seconde traite plus spécialement des bois de débit courant.

La fromagerie du Tremblay constitue un hameau de la commune de la Goulafrière, s'étendant sur 1.438 hectares, avec 341 habitants, et dépendant du canton de Broglie.

Cette usine, qui est située en bordure de la route nationale n° 181 de Rouen à Bordeaux, fabrique des camemberts la majeure partie de l'année. L'été, où la fabrication des fromages devient moins avantageuse, parfois même désatreuse, on y fait surtout du beurre et on utilise le lait écrémé pour la fabrication de la poudre de lait, de la caséine ou l'engraissement des porcs.

On traite une moyenne journalière variant suivant les saisons de 8 à 15.000 litres de lait, que l'on va chercher à domicile dans un rayon de 12 à 15 kilomètres.

La gare de La Chapelle-Gauthier, à 5 kilomètres, est le principal point de départ et d'arrivée des marchandises de l'usine.

Les tournées de lait grèvent assez lourdement ce produit et nécessitent une cavalerie de 20 chevaux, ainsi que deux camions automobiles.

Ces tournées demandent des chevaux assez forts qui puissent, avec une charge moyenne de 800 à 1.200 kgs, mener un train de 12 kilomètres à l'heure sur un parcours assez long. L'usine possède, à part quelques exceptions, des chevaux percherons ou croisés percherons qui, quoique largement assez forts pour tirer cette charge, ne peuvent tenir facilement le trot sans s'essouffler vivement.

Le meilleur serait, à mon avis, le petit cheval breton qui, tout en étant très résistant sur la route, peut se maintenir facilement en bon état.

Une machine à vapeur « Weyher et Richemond » de 35 chevaux fournit la force motrice à la beur-rerie, aux machines fabriquant la poudre et actionne une dynamo fournissant un courant électrique de 55 volts, servant à peu près exclusivement à l'éclairage. En outre, une machine à glace, qui ne sert que dans des étés vraiment chauds, est actionnée par un moteur de 12 chevaux.

L'eau est fournie par deux puits de 45 mètres de profondeur, d'où elle est montée par deux pompes, l'une actionnée par la machine à vapeur citée plus haut, l'autre par un moteur à pétrole d'une force de 11 chevaux, qui actionne en même temps le concasseur à tourteaux, l'aplatisseur à avoine, le coupe-racines, etc..., de la ferme annexe.

La porcherie annexe, pouvant loger 100 porcs, se trouve à l'extrémité ouest de l'usine.

Une ferme annexe de 300 hectares est l'auxiliaire indispensable de l'usine. Elle comprend 100 hectares de culture et 200 de prairies. Aujourd'hui, étant données la rareté et la cherté de la main-d'œuvre, on « couche », c'est-à-dire qu'on transforme de plus en plus les terres de culture les moins avantageuses à exploiter, en prairies naturelles.

Un superbe troupeau de 70 vaches laitières est entretenu sur les prairies de la ferme et la sélection que l'on y poursuit depuis quelques années déjà commence à donner des résultats vraiment encourageants. Ce troupeau déjà considérable n'est pas, à l'avis de mon père, qui dirige l'usine, encore assez important, et il voudrait qu'il se monte jusqu'à 100 bêtes, de manière à avoir le plus possible de lait revenant beaucoup meilleur marché que celui acheté aux cultivateurs des environs. C'est aussi dans le but d'augmenter les rendements que l'on pratique la sélection signalée plus haut en achetant chaque année un taureau de race pure et de conformation parfaite, inscrit au Herd-Book normand. Et de cette façon, grâce à une correction minutieuse de tous les points de détail, on pourra obtenir dans un temps relativement court de très bonnes bêtes donnant des rendements fort avantageux.

CHAPITRE II

MATIÈRES PREMIÈRES

1° LE LAIT

a) Ramassage

Comme je l'ai dit précédemment, le lait est acheté aux cultivateurs environnants, dans un rayon de 15 kilomètres.

Le ramassage se fait par des voitures hippomobiles et deux camions automobiles, un « Berliet » de 3 tonnes et un « Delaugère et Clayette » pouvant porter la même charge, qui vont aux points les plus éloignés pour prendre le chargement de quatre ou cinq voitures trop distantes pour venir jusqu'à l'usine.

Certaines tournées sont faites par des ouvriers attachés à l'usine, mais la majeure partie d'entre elles sont effectuées par de petits cultivateurs environnants qui ramassent le lait dans leur région. Dans ce cas, l'usine leur fournit le cheval et la voiture. Quelques tournées sont trop chargées et ont un parcours trop long pour être faites avec le même cheval ; dans ce cas, les laitiers ont deux chevaux qu'ils alternent journellement.

Les tournées de ramassage sont au nombre de vingt-deux et la quantité de lait fourni par chacune d'elles varie essentiellement suivant la saison.

Voici la liste de chaque tournée, avec les quantités ramassées pendant le mois le plus fort et le plus faible de l'année 1925 :

	JUIN	MARS
Lait fourni par le troupeau du Domaine du Tremblay (non compris celui réservé à l'élevage)....	440	460
Tournée Fouret	1.022	484
— Fouquet	826	306
— Touchard	803	451
— Leroy	788	391
— Augeron	928	531
— André	795	461
— Alexandre	566	235
— Marius	825	416
— Ruel	508	194
— Aufray	296	147
— Pesnel	300	144
— Scipion	691	319

Camion « Delaugère et Clayette » :

	JUIN	MARS
Tournée Lesaint	479	352
— Hurel	112	69
— Bordeaux G.............	675	340

Camion « Berliet » :

	JUIN	MARS
Tournée Broglie	116	43
— Hardouin	694	430
— Thevray	387	144
— Chanu	491	291
— Bordeaux	735	500
— Alexandre	584	274
— Mesnil	261	155

Comme on le voit, les quantités de lait diminuent à peu près de moitié entre les deux mois extrêmes de l'année.

Ceci est dû surtout à ce que pendant l'été le lait est payé moins cher et les cultivateurs préfèrent garder une partie de leur lait soit pour l'écrémer et faire du beurre, soit pour élever quelques jeunes animaux.

Certains clients arrêtent même complètement de donner du lait pendant plusieurs mois et recommencent ensuite au moment où le prix est plus avantageux.

Le transport du lait se fait dans des brocs de 10 ou 20 litres. Chaque client possède un double jeu de brocs qui lui sont prêtés par l'usine et dont il est responsable. Ces jeux alternent d'un jour à l'autre, de telle sorte que l'un est à l'usine et l'autre chez le client.

Le lait est payé au litre, ou plus exactement au pot, vieille mesure normande d'une contenance de 2 litres. Le prix, fixé par le « Syndicat des Fromagers normands », est en moyenne de 1 fr. 15 en été et de 1 fr. 50 en hiver.

b) **Réception du lait**

Les voitures accostent sur un quai ou ponton où se trouvent un bassin communiquant avec des écrémeuses et un entonnoir-filtre conduisant le lait aux cuves d'emprésurage.

Le laitier débarque ses bidons sur le ponton, les débouche et crie le nom du client avec la quantité de lait du bidon si celui-ci est plein, sinon il verse le lait dans un décalitre jaugé et vérifie la quantité. En débouchant le bidon, il a également soin de regarder si le lait n'est pas caillé ou ne présente pas quelques particularités.

Un comptable inscrit, en même temps sur un registre, la quantité de lait correspondante au nom du client. Les quantités de lait inscrites au registre sont ensuite reportées sur un bon au nom du client. Les bons seront remis au fournisseur le lendemain et permettront à celui-ci de vérifier la quantité fournie.

Aussitôt vidés, les bidons sont nettoyés au moyen d'un laveur à vapeur. Ce laveur comprend une plate-forme circulaire, mobile autour de son axe, sur laquelle on place l'ouverture du bidon renversé. Au centre de cette plate-forme passe un tuyau terminé en pomme d'arrosoir par où la vapeur arrive sous une forte pression. Le nettoyage est assez complet mais pas toujours suffisant, et il est bon de laver les bidons de temps en temps à la main.

c) **Paiement des fournisseurs**

Le paiement se fait à la fin de chaque mois, à l'aide de chèques payables dans une banque des environs.

Il serait, à mon avis, plus rationnel de payer le lait d'après sa richesse en matières grasses, car on éviterait ainsi beaucoup de falsifications : mouillage, écrémage, addition de lait écrémé ou de petit lait, etc..., qui passent inaperçues quand on paie le lait au litre, car on vérifie rarement la composition du lait. De cette manière, les fournisseurs n'auraient aucun avantage à falsifier leur lait, car la teneur en matières grasses se trouverait ainsi considérablement diminuée.

D'un autre côté, puisque c'est la matière grasse qui donne sa richesse au lait, le cultivateur chercherait à obtenir un lait plus riche en cette matière et serait invariablement amené à sélectionner soigneusement son troupeau.

On pourrait prendre comme base un lait dosant 38 grammes de matière grasse (richesse moyenne) et fixer le prix au dixième du cours moyen de la livre de beurre pendant le mois, sur un marché environnant. Par exemple, si la livre de beurre a valu 6 francs en moyenne, le litre de lait serait payé 0 fr. 60 et on ajouterait une prime déterminée pour chaque gramme de matière grasse en plus de 38.

Ce mode ne nécessiterait guère qu'un homme un peu expérimenté, qui, cinq ou six fois par mois, ferait l'analyse du lait de chaque client.

Avec le mode de paiement actuellement employé à l'usine, un agent de la répression des fraudes passe cinq ou six fois par an pour vérifier la composition des laits. Si l'un de ceux-ci est falsifié, le fournisseur est irrémédiablement poursuivi devant les tribunaux et souvent sévèrement puni.

2° **LA PRESURE**

La présure employée est l'extrait « Fabre », de force 10.000, c'est-à-dire qu'un litre de cet extrait coagule 10.000 litres de lait à la température de 35° en 40 minutes.

Cette présure demande toujours à être employée très fraîche, c'est pourquoi les commandes sont souvent renouvelées et peu importantes chaque fois.

3° LE SEL

On emploie le sel marin, qui est acheté par grosses quantités. Il est ensuite séché dans un four spécial et passé dans un moulin pour être très finement pulvérisé, condition indispensable pour obtenir un salage bien régulier et homogène des fromages.

CHAPITRE III

PERSONNEL

Les ouvriers employés à la fromagerie du Domaine du Tremblay, en majorité des femmes, sont au nombre de trente-cinq. Bien que la plupart du travail ait lieu durant la journée, il est nécessaire, principalement en hiver, où la production atteint son maximum, que deux ou trois femmes soient de service durant la nuit pour le retournement des fromages.

Un maître fromager participe aux travaux de fabrication et veille à leur bonne exécution. Il assure en outre la direction du personnel de la fromagerie.

La majeure partie des ouvriers sont logés par l'usine, mais un certain nombre seulement sont nourris.

Voici l'horaire auquel ils sont soumis :

A 6 heures en été et 7 heures en hiver : commencement du travail.

De 8 h. à 8 h. 30 : petit déjeuner.

A 12 h. : déjeuner, et à 13 h. 30, reprise du travail.

De 16 h. à 16 h. 30 : repos (en été seulement).

A 18 h. en été et 19 h. en hiver : cessation du travail.

Comme industrie agricole, la fromagerie n'est pas soumise à la loi de huit heures.

Les ouvriers nourris et logés sont payés de 180 à 250 francs par mois, suivant le poste qu'ils occupent. Ceux qui sont logés, mais non nourris, reçoivent un salaire moyen de 15 francs par jour et ont droit à 2 litres de cidre.

La crise de la main-d'œuvre se fait sentir ici comme dans beaucoup d'autres régions, aussi est-on obligé, depuis plusieurs années, d'employer des Polonais et des Tchéco-Slovaques dont le travail, bien que satisfaisant, n'est pas aussi rapide ni aussi parfait que celui de certains ouvriers français.

Deuxième Partie

CHAPITRE PREMIER

BEURRERIE

Comme je l'ai indiqué précédemment, la fabrication du beurre à la fromagerie du « Domaine du Tremblay » est surtout importante en été, au moment où la fabrication des fromages est défectueuse et leur prix de vente désavantageux à cause de la présence des primeurs sur les marchés.

L'été, la quantité de lait traitée par la beurrerie est d'environ 10.000 litres par jour, tandis qu'en hiver elle descend jusqu'à 2.000 litres et au-dessous.

Technique de la fabrication

Ecrémage centrifuge

PRINCIPE

L'écrémage centrifuge est basé sur la différence de densité des divers éléments du lait dont les plus légers : globules gras (D = 0,93) se séparent nettement des plus denses : lait écrémé (D = 1.036) par la vitesse centrifuge de l'écrémeuse.

En effet, lorsque dans l'écrémeuse le lait subit un mouvement de rotation rapide, il est divisé en deux couches bien distinctes :

a) Le lait écrémé plus dense qui, par la force centrifuge, est collé le long de la paroi de la ferblanterie.

b) La matière grasse qui, à cause de la densité moindre, se rassemble en masse assez compacte autour de l'axe de rotation. Enfin, on distingue, collée aux parois extérieures de ferblanterie, une couche plus ou moins visqueuse de couleur brune qui est constituée par des débris de toute sorte et les sels minéraux du lait qui n'ont pas été éliminés par les tamisages précédents.

ÉCRÉMEUSES

L'usine possède quatre écrémeuses « Alfa-Laval », dont trois du modèle H-5, d'un débit de 2.000 litres de lait à l'heure, et une du modèle H-6 qui peut écrémer 3.000 litres à l'heure.

Ces écrémeuses sont actionnées par la machine à vapeur signalée plus haut au moyen d'intermédiaires spéciaux livrés avec les machines ; ces intermédiaires comprennent un bâti en fonte sur lequel est monté un arbre horizontal reposant sur deux paliers graisseurs. Entre les deux paliers se trouvent deux poulies : l'une dite poulie folle, permet d'arrêter l'écrémeuse tout en laissant tourner la machine motrice, l'autre dite poulie fixe, est solidaire de l'arbre dont elle produit l'entraînement et à l'extrémité duquel est monté un grand volant à gorge de 0^{m}80 de diamètre qui supporte la corde d'entraînement de l'écrémeuse. Un système d'embrayage latéral permet l'embrayage progressif de la poulie folle sur la poulie fixe ou inversement.

Cet intermédiaire est placé sur une fondation spéciale, de telle sorte que le niveau du bord inférieur du grand volant de l'intermédiaire corresponde exactement avec celui de la poulie à gorge de l'écrémeuse, autrement dit il faut que la partie inférieure de la corde d'entraînement soit absolument horizontale.

Le mouvement moteur reçu par l'intermédiaire est transmis à l'écrémeuse par une corde de coton imprégnée de résine, de 10 $^m/_m$ de diamètre. Cette corde est maintenue constamment tendue au moyen d'un tendeur spécial formé d'un levier assez long à l'extrémité duquel est fixée une petite poulie à gorge. Pour tendre la corde, on appuie la poulie sur le brin supérieur de cette corde jusqu'à la tension voulue et on le maintient en place à l'aide d'une vis de pression.

Cette corde est un grand avantage sur le mode d'entraînement précédemment employé, qui était constitué par une petite courroie de cuir du même diamètre que la corde et qui présentait des inconvénients fréquents : rupture de la courroie, patinage, etc..., dont se ressentait inévitablement le mécanisme de l'écrémeuse.

Ces écrémeuses sont munies d'un bol ayant la propriété de s'équilibrer automatiquement pendant la rotation et comportant des disques de cloisonnement qui sont au nombre de 78 pour un débit de 2.000 litres et 84 pour un débit de 3.000. Le bol reposant sur son arbre est commandé par un contre-arbre muni d'une vis sans fin au moyen de laquelle le mouvement est communiqué à tout l'ensemble.

Le graissage des organes travaillant, chose indispensable pour le bon fonctionnement de l'écrémeuse, étant donnée la grande vitesse à laquelle elle tourne, se fait automatiquement par projection. Un graisseur compte-gouttes débitant 15 gouttes à la minute permet à l'huile de s'accumuler dans la cavité où tourne la roue hélicoïdale actionnant la vis sans fin.

L'huile arrivant au tiers de la hauteur de la roue est entraînée par celle-ci et projetée sur toutes les parties travaillantes sans s'écouler au dehors, grâce à des joints de plomb maintenant tous les raccordements hermétiquement clos.

Comme il est à peu près indispensable de se rendre compte de la vitesse des écrémeuses, pour obtenir un bon écrémage, ces dernières sont munies d'un compteur de tours réglé de façon à sonner une fois pour chaque centaine de tours que fait le bol.

ÉCRÉMAGE

Le lait sortant du bassin réservoir où sont vidés les bidons traverse deux tamis et est envoyé aux écrémeuses.

Pour obtenir un écrémage convenable, le lait doit être travaillé à 28° en été et 32° en hiver. A cet effet, il passe, avant d'aller aux écrémeuses, dans un réchauffeur tubulaire « Fouché » comprenant un cylindre de tôle vertical de 0^m80 de diamètre, à l'intérieur duquel se trouve un certain nombre de tubes en fer étamé où passe le lait. De la vapeur arrivant à la partie inférieure de l'appareil remplit l'espace réservé entre les tubes et le cylindre et réchauffe le lait qui coule en sens contraire, c'est-à-dire de haut en bas. Cet appareil, quoique assez ancien, donne de bons résultats, sans toutefois débiter autant que les nouveaux réchauffeurs à escaliers ou à agitateurs.

En hiver, le lait ne doit jamais être écrémé à moins de 30°, car cela empêcherait un bon écrémage, ni cependant à une température trop élevée, car alors les disques se détérioreraient rapidement.

Les écrémeuses ne doivent jamais tourner à vide, car étant donné la grande vitesse de rotation, de graves accidents seraient à craindre : rupture des ergots des disques, détérioration et déséquilibration du bol, etc..., et nécessiteraient des frais de réparation élevés.

Avant la mise en marche de l'écrémeuse, on remplit le bol avec de l'eau, puis on embraye très doucement en faisant glisser progressivement la courroie de la poulie folle sur la poulie fixe. Quand on a atteint la pleine vitesse, on fait couler le lait en ouvrant à fond le robinet d'alimentation. La quantité de lait est réglée dans l'entonnoir alimentateur de telle sorte que le niveau du lait s'y trouve à hauteur du repère indiqué à l'intérieur de celui-ci.

Pour les écrémeuses d'un débit de 2.000 litres, la vitesse du bol doit varier entre 6.000 et 6,500 tours à la minute sans cependant dépasser 7.000, car alors l'écrémage serait défectueux. Pour l'écrémeuse du débit de 3.000 litres, cette vitesse est un peu réduite et ne doit pas dépasser 6.500 tours tout en variant entre 5.500 et 6.000.

RÉGLAGE

Le réglage de la proportion de crème se fait au moyen d'une vis spéciale appelée vis à crème, qui rapproche ou éloigne l'orifice de sortie de la crème du centre du bol, augmentant ou diminuant à volonté l'épaisseur de la crème.

Habituellement, la position de la vis à crème est réglée de façon que le bol, en débit normal, donne 12 % de crème. Si l'on désire plus de crème, c'est-à-dire une crème moins épaisse, on desserre la vis à crème en haut d'environ un demi-tour. Si, au contraire, on veut une crème plus épaisse et par conséquent moins abondante, on la visse en bas d'un demi-tour.

Lorsque l'écrémage est terminé, on verse de l'eau chaude dans l'entonnoir alimentateur jusqu'à la hauteur indiquée d'un trait. Cette eau a pour but de faire sortir les derniers restes de crème et de décoller les disques qui se sépareront ensuite plus facilement.

La courroie est ensuite ramenée progressivement de la poulie fixe sur la poulie folle et on laisse l'écrémeuse s'arrêter elle-même. Quand le bol est complètement arrêté, on enlève les ferblanteries et les disques que l'on nettoie avec de l'eau chaude en brossant énergiquement. Le tout est alors laissé à sécher dans un courant d'air chaud et ne sera remonté qu'au moment de l'écrémage suivant.

MATURATION DE LA CRÈME

On a remarqué qu'en barattant la crème aussitôt l'écrémage, le barattage était difficile à cause du manque de viscosité de la crème et qu'en outre le beurre obtenu n'avait aucun parfum ; on a alors reconnu la nécessité de laisser « mûrir » la crème, c'est-à-dire de la laisser s'acidifier au préalable. En un mot, le but de la maturation est d'obtenir une acidité de 60-70° D qui donnera un beurre de parfum agréable.

Les agents principaux de la maturation de la crème sont les ferments lactiques, qui, en se développant dans le sérum, décomposent le lactose pour produire l'acide lactique. Cet acide ainsi produit précipite la caséine sous forme de petits grumeaux qui, on le pense, facilitent l'agglomération des globules gras au cours du barattage.

Au cours de la fermentation lactique qui se produit au sein de la masse de crème, il y a déplacement de produits sapides et parfumés qui sont absorbés par les globules gras et qui donneront au beurre l'arôme voulu.

A l'usine du Tremblay, la crème, au sortir de l'écrémeuse, passe sur un réfrigérant « Lawrence » qui abaisse sa température jusqu'à 10° environ, puis de là passe dans les cuves à maturation.

Ces cuves semi-cylindriques sont munies de doubles parois entre lesquelles on peut faire arriver à volonté, soit de la vapeur, soit de l'eau fraîche, pour maintenir la crème à la température voulue.

Cette température est variable suivant les saisons et se maintient entre 18 et 20° en hiver pour ne pas dépasser 16° en été.

La maturation dure en moyenne de 12 à 18 heures en hiver et de 16 à 20 heures en été. La crème est travaillée quand elle atteint une acidité de 60 à 65° Dornic.

Barattage

Le barattage est l'opération qui a pour but de souder entre eux par agitation les globules gras de la crème qui se trouvent en suspension dans le lait. Il donne pour résultat, d'une part le beurre, formé par la masse des globules gras soudés entre eux et d'autre part, un liquide ne contenant que très peu de matière grasse, auquel on a donné le nom de lait de beurre ou plus communément de babeurre.

On n'est jamais arrivé à déterminer très nettement quel est le phénomène qui régit le barattage. Romanet a d'abord supposé que les globules gras étaient enveloppés d'une pellicule membraneuse qui se déchirait sous l'action des chocs produits par l'agitation, permettant ainsi la soudure des masses butyreuses mises en liberté.

Duclaux a, depuis, émis une hypothèse paraissant plus plausible. Il suppose que les globules gras dépourvus de membranes sont en émulsion dans le sérum et affectent une forme sphérique en possédant à leur surface une certaine élasticité. Tant que l'agitation est faible, ces globules rebondissent les uns sur les autres, mais n'entrent pas en contact ; quant, au contraire, celle-ci s'accroît assez fortement, les nombreux chocs qu'ils reçoivent annulent l'élastictié et les fait souder entre eux.

BARATTES

L'usine possède deux barattes « Normandes » à malaxage intérieur.

La première, récemment installée, de marque « Optimus », a une capacité de 2.000 litres et sert à la fabrication du beurre de première qualité. La seconde, d'une contenance de 1.800 litres, ne travaille que le beurre de deuxième qualité.

Pour avoir un bon barattage, il ne faut pas remplir la baratte totalement, sans quoi la masse n'est qu'incomplètement agitée, la soudure des globules gras ne se fait qu'au bout d'un temps très long et le beurre obtenu est sans consistance et très difficile à séparer de son babeurre. C'est pour cette raison que les barattes ne sont jamais remplies qu'à peine à moitié, c'est-à-dire avec 7 à 800 litres de crème.

La température de la crème a une influence considérable sur le barattage ; au Domaine du Tremblay, la crème est barattée à 14-15° en été, 18-19° en hiver. En été, comme la crème est généralement à une température plus élevée, on y ajoute une petite quantité de glace bien pilée qui produit un très bon effet.

En hiver, il est plus difficile de réchauffer la crème. Généralement, on maintient la pièce à une température assez haute pour que la crème puisse absorber le plus de chaleur possible. On y arrive en réchauffant la baratte au moment du barattage à l'aide d'un puissant jet de vapeur.

La vitesse de la baratte joue un rôle assez important, car si le beurre est long à se former il reste ensuite sans consistance et le délaitage est difficile. Quand, au contraire, la vitesse est trop grande, le beurre reste granuleux et ne se tient pas.

Les deux barattes que possède l'usine ont une vitesse sensiblement identique : la plus forte tourne à 50 tours-minute et la plus faible à 48.

Le beurrier expérimenté reconnaît que le barattage est terminé quand le bruit des batteurs devient plus sourd et qu'au repère vitré aménagé à une extrémité de la baratte il aperçoit nettement les grains de beurre arrivé à grosseur, c'est-à-dire de la dimension d'un grain de blé.

Pour les 600-700 litres de crème mis dans la baratte, le barattage a alors duré entre 35 et 40 minutes en hiver, où la crème est plus consistante, et 50 minutes en été, car la crème est plus liquide.

Lorsque le barattage est terminé, il faut séparer le beurre du lait de beurre blanchâtre dans lequel il se trouve : c'est le but du délaitage. Le babeurre contient en effet tous les éléments particulièrement favorables au développement des micro-organismes qui altéreraient rapidement le beurre si celui-ci en était imprégné.

DÉLAITAGE

Dès que le beurre est à point, on arrête la baratte et on évacue le babeurre. Il reste alors au fond de la baratte la masse des grains de beurre non encore soudés ni raffermis.

C'est à ce moment qu'on fait arriver, dans la baratte, de l'eau ayant une température d'environ 15°, et qu'on fait tourner les barattes à leur plus petite vitesse, c'est-à-dire 30 à 35 tours. On laisse la baratte tourner environ dix minutes, puis on l'arrête et on évacue l'eau de lavage. On recommence cette opération jusqu'à ce que l'eau s'écoule complètement claire. On renouvelle généralement cette opération trois fois en été et deux fois en hiver, en ajoutant progressivement une eau de plus en plus fraîche pour donner un peu de consistance au beurre. Il ne faudrait cependant pas ajouter brusquement une eau trop froide au début, sans quoi le beurre durcirait par trop et le lavage serait défectueux.

Après le dernier lavage, le beurre est réuni en masses assez compactes et peut facilement être travaillé : c'est alors qu'on lui fait subir le malaxage.

MALAXAGE

Le malaxage est l'opération qui a pour but d'éliminer les dernières traces de babeurre ou d'eau de lavage qui pourraient gorger le beurre, et de donner à ce dernier plus de plasticité et d'homogénéité.

L'usine du Tremblay ne possède pas de malaxeurs, puisque, comme je l'ai dit plus haut, le malaxage est fait dans les barattes-malaxeurs. Celles-ci comprennent intérieurement deux paires de rouleaux cannelés entre lesquels le beurre passe par suite du mouvement de rotation et où il est laminé. Ce malaxage dure environ 10 minutes. Il faut éviter de trop le prolonger, sans quoi le beurre prend une couleur terne et devient granuleux. Ce genre de baratte donne, quand il est bien conduit, un beurre bien homogène et très apprécié.

EMBALLAGE

Au sortir de la baratte, le beurre est moulé dans un seau de forme tronconique s'ouvrant suivant une génératrice. On le tasse bien au moyen d'un pilon de bois et on donne à la motte le poids de 10 kgs.

Cette motte est ensuite enveloppée dans une toile très fine et placée dans un panier spécial formé de lattes très minces à l'intérieur duquel on a placé un paillot que l'on resserre au-dessus de la motte et qu'on attache solidement avec une ficelle. C'est à cette ficelle qu'on attache généralement l'étiquette portant les noms et adresses de l'expéditeur et du destinataire. La majeure partie de la production est dirigée sur Paris et en été les expéditions sont généralement faites par wagons frigorifiques, atténuant ainsi de beaucoup les risques d'accidents en cours de route.

RENDEMENT

On compte en moyenne 23 à 25 litres de lait pour fabriquer 1 kilo de beurre.

En été, on obtient 9 litres de crème pour 100 litres de lait et 10 litres en hiver. Or, on estime qu'il faut de 2 à 3 litres de crème pour obtenir 1 kilo de beurre.

En été, la production de la beurrerie du Domaine du Tremblay est d'environ 400 à 450 kgs de beurre par jour, tandis qu'en hiver elle ne dépasse pas 80 kgs.

Le prix de vente de ce beurre varie suivant le cours des Halles, mais depuis quelques mois déjà il atteint le prix moyen de 15 francs le kilo. La vente aux Halles est assez commode, car elle permet une rémunération immédiate, mais elle est grevée de nombreux frais : frais d'octroi, de camionnage, de manutention et de commission pouvant atteindre 6 à 8 %, et qui la rendent moins avantageuse que la vente directe aux détaillants.

CHAPITRE II

FROMAGERIE

LE CAMEMBERT

Avant de commencer l'étude de la fabrication du fromage de camembert telle qu'elle est pratiquée au Domaine du Tremblay, il nous paraît nécessaire de donner un aperçu de l'historique de ce fromage si connu et si apprécié de tous.

Cet excellent fromage a été fabriqué pour la première fois en 1791 par Mme Harel, qui exploitait avec son mari une ferme située dans la commune de Camembert, près de Vimoutiers (Orne). Sa fabrication n'a vraiment commencé à se répandre qu'en 1800 et a pris depuis une extension énorme dans toute la France et principalement en Normandie, où il est la source de revenus importants, tant pour les grandes usines laitières que pour les laiteries annexes des fermes herbagères.

Cette fabrication, qui, dans son ensemble, paraît assez simple, est soumise à quantité de facteurs secondaires : qualité de la présure, température du lait, apparition des moisissures, etc..., qui interviennent à tout instant et la rendent très délicate. Il suffit, en effet, d'un moment d'inattention très court pour qu'une fermentation qui paraissait en bonne voie devienne tout à coup défectueuse et perde complètement le produit.

Et, pour se rendre compte de toutes les difficultés que l'on peut rencontrer, il faut avoir une notion assez exacte et nécessairement scientifique de tous les agents qui interviennent dans la fabrication de ce fromage. Cette étude est le but de notre prochain paragraphe.

I. — Etude scientifique de la fabrication

1° Les microbes en fromagerie

Le nombre des microbes trouvés dans un fromage en cours de maturation est considérable et atteint généralement une moyenne de 5 à 6 millions par gramme de fromage.

Dans un fromage, la maturation se fait généralement en trois temps :

1° Les ferments lactiques s'attaquent au lactose en donnant des acides lactique, acétique, butyrique et carbonique, ainsi que les alcools correspondants dont la combinaison avec les acides donne les éthers diversement parfumés.

L'acide lactique protège un certain temps le caillé contre les microbes de la putréfaction.

2° Quand l'acidité vient à diminuer, les ferments caséiques envahissent le fromage et attaquent les matières albuminoïdes pour donner des peptones solubles, des acides gras et de l'ammoniaque. La masse se liquéfie, devient coulante et dégage une forte odeur due surtout aux éthers des acides gras.

Pour que ces ferments agissent bien, il faut que le milieu soit neutre ou légèrement alcalin.

Les ferments caséiques, qui sont des tyrothrix, secrètent deux diastases : l'une précipite la caséine et l'autre redissout le précipité formé. La température optima, c'est-à-dire la température à laquelle ils se développent et agissent le mieux, est de 26 à 30°.

3° Enfin apparaissent les microbes nocifs qui provoquent le durcissement de la croûte du fromage et qui, par leur développement, gênent les moisissures qui disparaissent. Pendant ce temps, les tyrothrix continuent leur action à l'intérieur de la masse qu'ils transforment en une pâte jaunâtre enveloppant la partie centrale inattaquée d'une belle couleur blanche et que l'on distingue nettement lorsque l'on sectionne un fromage en voie de maturation.

Si les microbes jouent un rôle important dans la fabrication des fromages, ils ne sont pas les seuls à agir et à leurs côtés vivent une multitude de petits êtres qui ont une action marquée sur le caillé : ce sont les moisissures.

2° **Les moisissures**

Les moisissures sont des champignons microscopiques ne se reproduisant que par spores que l'on rencontre en quantités variables suivant chaque échantillon. Ceux que l'on trouve invariablement sont une variété de *penicillium* accompagnés de l'*oïdium lactis*.

Le *penicillium* de couleur blanche est le seul utile dans le camembert, et les *penicillium* colorés tels que le *penicillium glaucum,* qui intervient dans la fabrication du « Roquefort », sont franchement mauvais.

Le seul *penicillium* nécessaire est le *penicillium candidum*, plus souvent désigné sous le nom de *penicillium album* ou encore *penicillium camemberti.*

Ce *penicillium*, qui se développe aux dépens du lactose, apparaît lorsque le milieu est acide et n'a qu'une action superficielle. Son rôle principal est de changer la nature du milieu et d'acide qu'il était de le rendre alcalin. Son influence s'arrête là et dès que l'alcalinité apparaît, il ne tarde pas à céder la place à d'autres bactéries qui vont digérer le caillé et le rendre assimilable.

Ce *penicillium*, qui se développe aux dépens du table, peut cependant devenir nuisible s'il prend un développement exagéré, car avec son activité d'évaporation il ne tarderait pas à dessécher complètement le fromage et par suite à lui enlever toutes ses qualités principales.

D'une manière générale, le fromager devra chercher à multiplier autant que possible le développement de ce *penicillium* dont l'envahissement
n'est pas à craindre dans une fabrication bien
conduite, car sa culture s'arrêtera dès que le milieu
sera devenu alcalin. Et dans beaucoup de cas, si
certains fromages sont de qualité inférieure, c'est
que l'action du *penicillium* n'a pas été assez
marquée.

L'*oïdium lactis* est une moisissure que l'on rencontre inévitablement sur les camemberts, car les
spores se trouvent en grand nombre dans l'air des
salles de la fromagerie, sur les murs, à la surface
des ustensiles, etc..., et ensemencent naturellement
l'extérieur et même l'intérieur du fromage.

L'action de l'*oïdium lactis,* qui transforme principalement le lactose en alcool et détruit l'acide
lactique, est surtout marquée par un dégagement
abondant de gaz et une diminution sensible de
l'acidité du milieu. Ce mycoderme est un agent
actif de la fermentation des fromages auxquels il
donne, de concert avec le *penicillium album,* le
bouquet particulier si apprécié des consommateurs.

Quoique d'une grande utilité, l'*oïdium lactis*
peut cependant devenir nuisible s'il se trouve en
excès, car il provoque la « graisse » et la « fri-
sure », maladies qui déprécient considérablement
les fromages. En outre, un excès de cet *oïdium*
pourrait attaquer la caséine et amener le rancis-
sement, tout en donnant au produit un goût désa-
gréable de moisi.

On voit donc qu'il faut un développement normal
et non excessif de l'*oïdium lactis* et on devra le

laisser s'ensemencer seul en cherchant plutôt à restreindre son action qu'à la provoquer.

Comme nous le montre ce court aperçu, le rôle du fromager n'est pas des plus faciles et il faut un véritable doigté pour faire coordonner cette longue suite de fermentations et éviter les accidents qui se présentent à chaque instant, afin d'obtenir un produit de qualité irréprochable.

II. — **Technique de la fabrication**

RÉCEPTION

Dans une fromagerie, un principe fondamental se pose à tout fabricant soucieux d'obtenir des produits de bonne qualité : « Plus le lait travaillé sera propre, meilleur sera le produit. »

Or, au Tremblay, où le lait est ramassé assez loin, il n'arrive à l'usine qu'après avoir subi de nombreuses manipulations au cours desquelles il a été forcément contaminé par des germes extérieurs. Généralement, le mal n'est pas grand et ce lait peut encore être très facilement utilisé. Il serait évidemment préférable que l'usine possédât un appareil où le lait serait chauffé vers 70° et partiellement pasteurisé, de manière à détruire une bonne partie des germes ; mais au cours des longues années où remonte cette fabrication, aucun accident grave n'a été remarqué à ce sujet et je crois qu'en observant une propreté rigoureuse dans toutes les manipulations, on peut arriver à des résultats satisfaisants.

FILTRAGE

Dès que le lait arrive sur le ponton, il est déversé dans un tamis dont les mailles sont assez grossières et qui a surtout pour but d'éliminer les plus grosses impuretés, telles que débris de paille, de foin, poils, etc..., qui sont de véritables foyers d'infection. Le lait arrive ensuite dans un grand réservoir où il stationne avant de passer dans le réchauffeur. A l'orifice de sortie de ce bac se trouve un second tamis plus fin que le premier et que le lait devra traverser à nouveau.

Ces tamis, le premier surtout, sont facilement accessibles, car ils doivent être nettoyés plusieurs fois au cours de la réception du lait.

CHAUFFAGE

Le lait, pour être mis en présure d'une façon convenable, doit être chauffé à la température de 28° en été et 32° en hiver. A cet effet, on l'envoie dans un réchauffeur multitubulaire « Fouché » identique à celui dont nous avons donné la description pour la beurrerie, mais d'un débit supérieur atteignant 4.000 litres à l'heure.

De ce réchauffeur. le lait passe dans une rampe formée d'un grand tube de 80 $^m/_m$ de diamètre sur lequel se trouvent à intervalles réguliers des tubulures à robinet servant à remplir les cuves d'emprésurage.

L'opération de remplissage des cuves doit se faire assez rapidement pour que le lait reste le moins longtemps possible exposé à l'air et qu'il n'ait pas le temps de trop se refroidir ni de s'ensemencer en germes étrangers.

EMPRÉSURAGE

L'emprésurage se fait dans des cuves troncaniques en tôle étamée d'une contenance de 105 litres, mais un repère placé sur une paroi indique le niveau atteint par 100 litres, quantité que l'on ne dépasse jamais. Ces cuves ont un défaut assez grave dans leur fabrication, car elles sont formées de deux parties et le fond rapporté est soudé, laissant ainsi à l'intérieur une légère rainure où peut s'accumuler chaque fois une petite quantité de lait qui, en vieillissant, devient rapidement un véritable foyer d'infection. Il est très difficile de nettoyer à fond ces cuves, car on ne peut facilement atteindre cette rainure et il faudrait un dispositif spécial pour les stériliser à la vapeur. Le mieux serait évidemment que les fabricants mettent en vente des cuves d'une seule pièce dont le fond serait embouti, ce qui se fait déjà pour les bidons.

Une fois remplies, ces cuves sont placées sur des chariots formés d'un bâti de fer circulaire sur le pourtour duquel sont rivées quatre roulettes absolument libres autour de leur axe, ce qui permet de déplacer les récipients dans tous les sens et sans efforts. A l'intérieur de ce bâti, se trouvent trois griffes également en fer plat, qui prennent exactement le fond de la cuve et l'empêchent de glisser. Dans certaines fromageries, on emploie

des chariots à plate-forme en bois dont la surface
est absolument unie. Ce système présente un double
inconvénient :

1° Le bois s'use très vite et demande à être
souvent remplacé ;

2° Une poussée un peu brusque peut faire
glisser la cuve et la renverser.

PRÉSURE

Comme je l'ai indiqué plus haut, la présure
employée est l'extrait Fabre de force 10.000, que
l'on coupe à 2.500 ou à 5.000 suivant le lait employé,
avec de l'eau pure.

On prend ensuite 30 à 40 grammes de cette
dilution, quantité calculée pour que la coagulation
de 100 litres de lait ait lieu en 2 heures, que l'on
verse dans le lait en agitant constamment avec une
baguette de bois bien propre. La cuve est alors
recouverte d'un couvercle en bois, de manière à ce
que la déperdition de chaleur soit la moins grande
possible, car la température doit être maintenue
constante pendant tout le temps où se forme
le caillé.

Beaucoup de facteurs interviennent pour modi-
fier la durée de formation du caillé et la qualité
de celui-ci. Les principaux sont :

1° *La qualité de la présure employée*, qui a une
influence prépondérante sur la qualité des produits. A ce propos, il n'existe pas aujourd'hui, à
notre avis du moins, de meilleure présure que

l'extrait Fabre signalé plus haut, qui est à peu près uniquement employé dans toutes les fromageries soucieuses de la bonne qualité de leurs produits.

2° *La quantité de présure*, qui agit surtout sur la rapidité de la coagulation. Il faut, à ce point de vue, calculer la quantité déterminée à employer et observer un juste milieu, car une trop grande quantité de présure donnera un caillé formé de grumeaux séparés qui laisserait une bonne partie de la crème s'écouler avec le petit lait, tandis qu'une quantité trop faible entraînera une coagulation trop longue pendant laquelle le sérum pourra communiquer un goût aigre au caillé par un contact trop prolongé.

3° *La température du lait au moment de l'emprésurage.* En effet, on sait que la présure produit son plein effet aux environs de 30 à 35°, qu'à 15° son action se fait à peine sentir et qu'enfin elle décroît graduellement à partir de 40° pour devenir nulle à 60°.

4° *L'acidité* enfin doit guider le fromager pour la quantité de présure à ajouter au lait ; le meilleur degré d'acidité pour mettre le lait en présure est de 20 à 25° D. D'une manière générale, on peut dire que les laits sont toujours un peu trop acides, mais de quelques degrés seulement, car les laits vraiment trop acides sont des laits malades.

On devra employer d'autant moins de présure que l'acidité du lait est plus grande, car cette dernière, qui agit déjà d'elle-même, augmente proportionnellement l'action de la présure.

On devra soigneusement se rendre compte de l'acidité du lait avant l'emprésurage, car, si on ajoute une forte proportion de présure à un lait déjà très acide de lui-même, on aura un caillé granuleux très difficile à travailler, tandis qu'avec un lait trop doux, ce qui est assez rare, et une petite quantité de présure, on aurait un caillé spongieux qui ne laisserait pas facilement écouler son sérum, et qui, par suite, pourrait communiquer un mauvais goût au fromage.

MISE EN MOULES

Le fromager reconnaît que l'emprésurage est terminé et que le caillé est à point pour être travaillé quand l'eau apparaît au-dessus de la couche blanche de ce dernier et qu'en appuyant avec la paume de la main la marque subsiste nettement. On amène alors les cuves près des tables à dresser, où l'on va procéder au remplissage des moules.

Ces tables à dresser, plus ordinairement dénommées « dalles » en termes du métier, sont formées d'une grande planche de pitchpin de 4^m30 de long sur 1 mètre de large, complètement entourée par un rebord de 10 centimètres de haut et creusé sur ses bords de deux rigoles qui permettront l'écoulement du petit lait.

Ces tables sont placées sur un bâti en fer cornière avec deux paires de supports formant deux étages différents. Ces supports sont légèrement inclinés vers le montant, de manière que la dalle offre une pente assez accentuée pour que le petit lait s'écoule le plus rapidement possible et ne communique aucun goût au caillé.

Le pitchpin offre le grand avantage de n'être pas attaquable par le sérum acide, de telle sorte que les dalles durent assez longtemps pour ne pas être plus coûteuses que l'installation de dalles en ciment ou en verre dont on a beaucoup vanté les avantages, mais qui, à l'heure actuelle, atteignent des prix tellement exorbitants qu'on ne peut y songer.

Au Tremblay, on travaille sur 18 dalles en hiver et chaque dalle contient 250 moules. On compte qu'il faut le contenu de 5 cuves de caillé pour remplir tous les moules d'une dalle.

MOULES

Les « clichés » ou moules à camembert sont formés d'un cylindre de tôle étamée de 12 centimètres de diamètre sur 13 centimètres de hauteur. Ils sont percés sur leurs parois de nombreux petits trous qui facilitent l'écoulement du sérum.

Ces moules demandent à être maintenus dans un état de propreté constant, sans quoi ils se détériorent rapidement et, dès que les fromages sont démoulés, on envoie ces moules à une machine spéciale, où ils seront soigneusement nettoyés. Avant de passer à la machine, les moules sont plongés dans un bac à eau très chaude où ils restent pendant une heure ou deux afin de détacher les parties de caillé adhérentes aux parois, facilitant ainsi l'action de la machine.

Cette machine à laver se compose principalement d'un arbre horizontal sur lequel on a monté à une extrémité les poulies de commande et à l'autre une brosse circulaire ayant sensiblement le même diamètre que l'intérieur des moules. Quand l'appareil est en marche, on enfile le moule sur cette brosse animée d'un fort mouvement de rotation et on le maintient immobile tandis que quatre autres brosses montées sur un plateau solidaire de l'arbre et tournant à la même vitesse que la première, nettoient l'extérieur. On retourne ensuite le moule bout pour bout pour nettoyer l'autre côé, car on ne peut engager complètement le moule en une seule fois. Un ouvrier expérimenté arrive à passer facilement trois moules par minute, c'est donc une machine extrêmement pratique et même indispensable dans une grande fromagerie, car elle permet l'obtenir un nettoyage rapide en même temps que très rigoureux de tous les moules, chose indispensable pour une bonne fabrication. Une fois brossés, les moules séjournent encore quelque temps dans un second bac où arrive de l'eau très chaude et où ils subissent une sorte de stérilisation, pour être envoyés ensuite à nouveau sur les tables à dresser. Avant d'employer ces moules, on devra se rendre compte si la tôle n'est pas mise à nu, car alors les taches de rouille coloreraient le caillé tout en lui communiquant un mauvais goût.

CAILLÉ

Le rendement en caillé est d'environ 52 à 54 kgs pour 100 litres de lait et il faut en moyenne de

1 kg. à 1 kg. 100 de caillé, suivant la saison et la conduite de la fabrication, pour obtenir un fromage.

Pour la mise en moule, l'ouvrier approche la cuve de la dalle et, au moyen d'une louche en fer blanc, prend une petite quantité de caillé qu'il place dans le moule, sans la renverser autant que possible, et il fait ainsi pour chaque moule. Quand il a fini cette opération, il revient au début et recommence le même travail, de manière à bien mélanger le caillé et à ne pas mettre toute la partie qui était exposée à l'air dans la cuve et qui pourrait être plus ou moins ensemencée de germes étrangers, dans le même moule, sans quoi les produits obtenus seraient de qualités trop différentes. Le remplissage complet des moules, qui doivent contenir environ 1 kg. de caillé, se fait en cinq fois, à des intervalles de deux ou trois heures.

Les moules ne sont pas placés directement sur le bois et on intercale entre le moule et la dalle un store identique à un store de fenêtre, de façon que le petit lait puisse s'écouler plus facilement entre les petits espaces qui séparent les parcelles du store. En effet, si le caillé reposait directement sur le bois, il se plaquerait sur celui-ci et le sérum ne pourrait s'échapper que par les trous des parois, ce qui serait très insuffisant. Le caillé, ne pouvant alors se dessécher que très lentement, deviendrait trop acide, fermenterait et serait inutilisable.

On a remarqué que l'égouttage se fait d'autant mieux que la température ambiante de la salle est voisine de 20°. On s'efforce donc de maintenir cette température au moyen du chauffage à vapeur.

TOURNAGE

Après une douzaine d'heures de repos, le fromage est devenu assez ferme pour pouvoir être retourné. A cet effet, on prend le moule que l'on renverse complètement sens dessus dessous en ayant soin toutefois de ne pas déplacer le fromage dans le moule, sans quoi il perd sa forme et il est difficile de la lui faire reprendre.

Les fromages ainsi retournés sont placés sur une seconde table située à l'étage supérieur que l'on a eu soin de garnir de stores propres. Cette opération est rapide et ne demande qu'un temps relativement court à une ouvrière expérimentée.

DÉMOULAGE

Les fromages se ressuient pendant une trentaine d'heures après lesquelles la pâte est devenue suffisamment ferme pour conserver sa forme : c'est alors que l'on procède au démoulage.

Le démoulage en lui-même est très simple ; il suffit, en effet, de retirer le moule en le soulevant bien verticalement pour ne pas déformer le fromage.

Pendant l'égouttage, le caillé a subi un retrait considérable, mais ce retrait est plus accentué au milieu que sur les bords, qui forment alors un bourrelet de faible hauteur. Ce bourrelet est rogné avec un couteau et on aplanit bien les deux faces.

On laisse alors les fromages exposés à l'air pendant une heure et demie environ pour que la pâte durcisse, puis on les sale.

SALAGE

Le salage, dont le principal but est de donner à la partie superficielle du fromage une dureté suffisante pour former la croûte, est une opération extrêmement délicate. En effet, elle doit être faite au moment exact où la pâte est assez sèche pour ne pas absorber trop de sel, sans quoi le fromage prend un goût de salé trop prononcé, et perd ainsi une grande partie de sa valeur.

Ce moment assez court, une grande expérience seule peut l'indiquer et il faut pour ce travail de véritables spécialistes.

Le sel employé est un sel extrêmement fin pouvant être réparti bien uniformément à la surface du fromage. Il absorbe alors l'humidité des couches superficielles qu'il fait évaporer au dehors et dont le dessèchement entraîne la formation de la croûte. En outre, il pénètre légèrement jusqu'à l'intérieur du fromage auquel il donne sa saveur particulière, tout en agissant comme antiseptique. La quantité de sel employée est d'environ 15 grammes par fromage.

Pour pratiquer le salage, l'ouvrière place le fromage à plat dans sa main gauche et saupoudre la face ressuyée en frottant légèrement avec la main pour régulariser la répartition du sel. Elle prend ensuite le fromage dans le sens vertical, entre le pouce et l'index, et sale le pourtour. Elle replace alors le fromage sur le store et, deux heures après, quand l'autre face est suffisamment ressuyée, elle la sale de la même manière que la précédente.

Les fromages restent encore quelques heures à la fromagerie, puis sont transportés aux séchoirs. Pour cela, on les place dans des caisses pouvant en contenir une soixantaine, que des ouvriers transportent en les plaçant sur leur tête pour les monter au premier étage, où se trouvent les séchoirs. On appelle ce travail « faire la hotte ».

SÉCHOIRS

Les séchoirs sont des pièces assez vastes dont l'aération est assurée par de nombreuses fenêtres garnies de toiles métalliques, de façon à empêcher l'introduction des mouches ou de tous autres insectes nuisibles qui pourraient venir pondre leurs œufs sur les fromages. La température des séchoirs doit être maintenue constamment à 15° en été par une aération suffisante, en hiver par un mode de chauffage quelconque : chauffage à la vapeur, à l'eau chaude ou par des poêles. Au Tremblay, on emploie pour ce chauffage des braseros que l'on remplit de braises incandescentes et qui présentent de grands avantages, notamment celui de pouvoir être changés de place, donnant une température bien uniforme dans toute la pièce, tandis qu'un poêle ou qu'un radiateur chauffe toujours à la même place.

Ces braseros très pratiques demandent cependant à être employés avec une grande prudence ; c'est ainsi qu'il y a quelques mois, une braise étant tombée hors du brasero pendant la nuit, a communiqué le feu au plancher et déterminé un grave incendie dans les séchoirs de l'usine, causant des pertes considérables.

A l'intérieur des séchoirs, se trouvent de nombreuses étagères destinées à recevoir les fromages. Ces derniers ne sont pas posés directement sur les glissières des étagères, mais sur des clayons formés de baguettes de jonc de 5 $^m/_m$ de diamètre reliées par un fil de nickel qui les maintient à un écartement de 15 $^m/_m$.

Les étagères comprennent un bâti composé de huit montants verticaux et parallèles, sur lesquels sont fixés, tous les 15 centimètres, des tasseaux de bois carrés de 30 $^m/_m$ de côté, destinés à supporter les cadres à claire-voie que l'on peut faire coulisser et ramener à soi lors des retournements. Les glissières à claire-voie permettent, en outre, à l'air de circuler facilement sur toute la surface du fromage et de le ressuyer le plus complètement possible.

On doit maintenir dans le séchoir un air absolument sec, car si l'humidité est excessive les moisissures prennent une teinte bleuâtre et la maturation est défectueuse. Dans ce cas, on pourra annuler cette humidité en plaçant dans le séchoir des terrines remplies de chaux vive.

L'été, il faut prendre garde que les rayons solaires ne frappent pas directement les fromages, car la croûte se durcit et les moisissures ne se développent que très difficilement. On peut très facilement obvier à cet inconvénient en baissant, pendant les deux ou trois heures de la journée où le soleil est dirigé sur les séchoirs, les stores dont sont munies les fenêtres.

DÉVELOPPEMENT DES MOISISSURES

Après cinq ou six jours de séjour aux séchoirs, les fromages sont à peu près complètement recouverts de « chanie », moisissure blanche qui n'est autre que le *penicillium album*. C'est à ce moment que l'on retourne le fromage pour que les moisissures puissent se développer sur la face précédemment en contact avec le clayon. C'est le *mycelium* des moisissures qui, par son grand développement, formera plus tard la croûte du fromage. Les fromages restent douze jours au séchoir, durant lesquels ils ne sont retournés qu'une fois.

L'action du *penicillium album* est principalement de faire disparaître l'acidité du milieu et de le rendre alcalin, afin de permettre le développement des ferments solubilisateurs de la caséine indispensables à la maturation.

Généralement, quand l'acide lactique disparaît, la végétation du *penicillium* diminue sensiblement, mais il convient de l'arrêter complètement, sans quoi il dessécherait trop le fromage : c'est dans ce but qu'on le porte à la cave d'affinage.

CAVES D'AFFINAGE

Par leur température plus basse que celle du séchoir et leur atmosphère ammoniacale, les caves d'affinage ont pour but d'arrêter le développement du *penicillium album*.

Au Tremblay, ces caves sont au nombre de sept, de 10 mètres de long sur 5 mètres de large, et peuvent contenir chacune 6.000 fromages.

Elle sont à peu près complètement obscures, simplement aérées par quelques ouvertures de petites dimensions et garnies de toile métallique, sauf les quatre dernières où s'achève le travail et qui sont pourvues d'une fenêtre normale.

Des montants identiques à ceux des séchoirs permettent de recevoir des planches de 1^m50 sur 0^m25 de large où l'on place les fromages. Après chaque fournée, les planches sont soigneusement lavées et séchées à l'air libre quand le temps le permet.

La température de ces caves est maintenue constamment entre 12 et 13° et une aération suffisante y enlève l'excès d'humidité. Il faut avoir soin de ne pas laisser la température s'élever de trop, sans quoi les fromages ne tarderaient pas à couler.

Dans les caves d'affinage, les fromages sont retournés tous les deux jours pour que la maturation soit bien identique sur les deux faces, et on a soin de les placer par rang d'âge.

Les moisissures, dont l'activité avait sensiblement diminué dans les derniers jours où le fromage était au séchoir, laissent peu à peu la place aux ferments du « rouge » qui prennent une extension rapide en donnant aux parties superficielles du fromage qu'ils durcissent, une couleur jaune rougeâtre très caractéristique. Ces ferments ont surtout pour but de protéger le fromage contre l'oxydation en empêchant, par la croûte qu'ils forment, l'air d'agir directement sur la pâte. Ils dégagent aussi une petite quantité d'ammoniaque qui neutralise cette pâte et favorisent ainsi l'action des ferments de la caséine.

Le phénomène caractéristique de l'affinage des

fromages est la maturation due à l'action de microbes secrétant une diastase spéciale : la caséase, qui a la propriété de solubiliser la caséine et de la transformer en caséone.

Cette caséone soluble est alors attaquée par des microbes.du genre « tyrothrix » qui la transforment en produits plus simples, plus sapides et plus odorants, qui donnent aux fromages leur parfum caractéristique.

Les tyrothrix n'agissent pas tous d'une manière identique : tandis que les uns attaquent la caséine fraîche, les autres ne peuvent la dégrader que si elle est liquide.

Ceci est dû à ce que les premiers exigent moins d'ammoniaque que les seconds, pour se développer.

La caséone solubilisée forme à l'intérieur du fromage une belle couche crémeuse qui se différencie nettement de la partie centrale restée ferme et blanche, où la caséase n'a pas encore agi.

Après un séjour de huit à dix jours à la cave d'affinage, les fromages sont bons à être livrés à la consommation. Ce moment assez délicat à saisir se reconnaît au toucher du fromage dont la pâte doit être moelleuse et élastique.

Généralement, au Domaine du Tremblay, les fromages sont expédiés quand la maturation n'est que très peu avancée, car, au printemps et en été surtout, les manipulations et la température élevée accélèrent énormément cette maturation. Or, si on expédiait les fromages quand ils sont à point à la fromagerie, ils arriveraient chez le détaillant dans un état beaucoup trop avancé, et la vente en serait difficile. Le mieux serait évidemment que les détaillants possèdent une cave spéciale où ils aménageraient la maturation au goût des clients, mais ceci qui a quelquefois lieu pour les gros commerçants, n'a pas de tendance à se généraliser chez les petits revendeurs qui reculent devant la dépense.

RENDEMENT

La fromagerie du Tremblay, comme toute fromagerie qui tient à sa réputation, ne fabrique que des fromages de lait entier. Elle mettait en vente, il y a quelques années encore, des demi-camemberts, mais cette fabrication, qui ne présente aucun avantage, est aujourd'hui complètement abandonnée.

Un litre de lait donne en moyenne 180 grammes de caillé humide qui correspondent à 150 grammes de camembert. Or, comme un camembert pèse environ 300 grammes, on voit qu'il faut un pot de lait, soit deux litres, pour le fabriquer.

EMBALLAGE ET VENTE

Pour l'expédition et la vente, les fromages sont enveloppés dans du papier paraffiné et placés dans des boîtes circulaires, en bois de peuplier, portant la marque des fromages. Les fromages de première qualité sont placés dans des boîtes clouées faites à la main, ayant plus de cachet que les boîtes agrafées faites à la machine, qui reçoivent les autres fromages.

Les fromages en boîtes sont généralement expédiés en caisses rectangulaires de cinq douzaines, et très rarement en colis de une ou deux douzaines.

Les deux tiers des fromages sont expédiés à la clientèle directe, tandis qu'un tiers seulement va aux halles. Dans les deux cas, les prix sont les mêmes et le cours suivi est toujours celui des halles.

Les fromages de première qualité, marque « Le Rêve », sont généralement envoyés à la clientèle directe. Ils valent en ce moment 30 francs la douzaine, soit 2 fr. 50 le fromage.

Les marques « Cyrano le Vaillant », « Renaissance », « Les Prés fleuris », « Le Royal », « Le Chat », sont vendus indifféremment aux halles ou aux clients de province. Ils valent en moyenne de 28 à 30 francs la douzaine.

Les fromages les moins présentables, soit par leur difformité, soit par leurs défauts de fabrication, vont aux halles, où ils sont vendus sous le nom de « Bon Camembert » à un prix moyen de 18 à 20 francs la douzaine. Dans ce cas, l'étiquette de la marque ne porte ni le nom de l'usine, ni le cachet du Syndicat des Fromagers de Normandie, comme cela a lieu pour les fromages de bonne qualité.

Les expéditions sont reçues aux halles par des mandataires qui, moyennant une prime de 4 % sur le prix de vente, se chargent de l'écoulement des fromages. A cette redevance s'ajoutent les frais d'emballage, de transport et d'octroi qui grèvent assez lourdement les bénéfices.

PRIX DE REVIENT

Voici une évaluation approximative du prix de revient d'un fromage au Domaine du Tremblay (décembre 1925) :

Lait : 2 litres	1 40
Main-d'œuvre	0 60
Emballage, transport du lait, frais d'octroi, transport des fromages, mandataires aux halles.	0 30
Total	2 30

Or, comme je l'ai dit plus haut, les fromages se vendent actuellement, aux halles, 2 fr. 50 pièce, le bénéfice est donc de 0 fr. 20 par fromage. Ce bénéfice est relativement élevé et il n'est en moyenne que de 0 fr. 10 à 0 fr. 15, pour descendre parfois à 0 fr. 05 et au-dessous pendant la saison chaude.

LES SOUS-PRODUITS

Parmi les sous-produits de la laiterie : lait écrémé, babeurre, petit lait, eaux résiduaires, etc., les plus importants sont sans contredit ceux qui proviennent de la fabrication du beurre.

Le principal de ces sous-produits, le lait écrémé, est le seul qui, grâce à sa teneur élevée en caséine et en lactose, puisse être avantageusement utilisé dans une industrie annexe. Cependant, lorsque la quantité de beurre fabriquée est importante, le babeurre bien employé donne lieu à des revenus appréciables.

Les résidus de la fromagerie, petit lait et eaux résiduaires, sont également en quantité considérable, mais leur dilution est telle que leur exploitation ne devient plus assez rémunératrice pour qu'ils soient traités industriellement.

Je commencerai donc cette dernière partie de mon travail par l'étude du lait écrémé, en examinant d'une façon plus générale que je ne l'ai fait dans des chapitres précédents pour la beurrerie et la fromagerie, chacune de ses utilisations particulières.

LAIT ÉCRÉMÉ

GÉNÉRALITÉS

Le lait écrémé est le principal sous-produit de la fabrication du beurre, celui qui, sans aucun doute, a la plus grande valeur tant au point de vue industriel qu'au point de vue alimentaire.

Cette valeur est due surtout à la grande quantité de principes azotés (caséine) et de sucre (lactose) qu'il contient, principes indispensables à l'entretien des muscles des animaux auxquels il sert de nourriture.

Voici du reste la composition d'un lait écrémé provenant de vaches normandes, c'est-à-dire de bonnes bêtes beurrières :

Eau	90,35 %
Matières grasses	0,20
Caséine	4
Sucre de lait.............	4,75
Sels	0,70

J'ai eu connaissance de certains fermiers qui, avec des modes d'écrémage peut-être un peu rudimentaires arrivaient à obtenir un lait contenant encore 2 grammes de matières grasses par litre. Ceci est un chiffre évidemment beaucoup trop élevé, car j'estime et j'ai d'ailleurs pu le constater par moi-même, qu'avec les écrémeuses que l'on possède aujourd'hui on ne devrait guère dépasser au maximum 1 gramme par litre. Si l'on s'en rapporte à l'énorme quantité de lait traitée par une beurrerie industrielle, quantité qui peut atteindre 15.000 litres de lait par jour, on voit d'ici la perte que l'on éprouverait en laissant 2 grammes de matières grasses par litre.

Le progrès serait encore plus frappant et certaines écrémeuses y arrivent maintenant, en obtenant un lait écrémé ne dosant que 0 gr. 30 à 0 gr. 50 par litre, car alors on ferait sur 15.000 litres une économie de 10 kgs de beurre, soit environ 225 francs, en comptant le beurre au prix moyen de 15 francs le kilo.

Sur 100 litres de lait entier, il reste après l'écrémage 88 à 90 litres de lait sortant de l'écrémeuse à la température de 28 à 30°.

Le lait écrémé, abandonné à lui-même, dans des conditions quelconques, surtout dans les conditions de température, ne tarderait pas à se coaguler ou, comme on dit couramment, « à tourner ». En effet, la température optima du ferment lactique varie entre 15 et 30°. Ce ferment, une fois développé, agit rapidement en transformant le lactose en acide lactique, qui, lorsqu'il atteint la proportion de 0,60 %, coagule la caséine, et le lait ne tarde pas à se décomposer.

Donc, avant tout, pour assurer la bonne conservation du lait écrémé, il faut, après l'avoir pasteurisé, le placer dans un endroit frais où la température varie entre 10 et 12°.

J'ai vu, dans certaines grandes beurreries, placer le lait écrémé dans de grandes cuves à double paroi entre lesquelles passait un courant d'eau fraîche ; ce procédé, sans être défectueux, n'est peut-être pas des meilleurs si la température de la salle où se trouvent les cuves n'est pas elle-même dans le voisinage de 12°, car alors la partie du lait exposée à l'air peut se coaguler.

Il faudrait pour cela un agitateur très lent qui remue le lait de façon qu'il puisse se refroidir à peu près uniformément.

Après ces quelques généralités sommaires, je vais maintenant reprendre séparément chacun des emplois du lait écrémé en appuyant particulière-ment sur la fabrication de la caséine et de la poudre de lait qui deviennent de plus en plus à l'ordre du jour et sont des industries annexes de grand rapport dans une laiterie moderne.

I. — **Fabrication de la caséine**

La caséine est, en un mot, la matière azotée du lait qui se coagule sous l'action de la présure ou des acides, en emprisonnant la majeure partie des globules gras et une partie des sels en suspension : c'est elle qui constitue la base des fromages. Le résidu liquide qui s'en écoule est le petit lait contenant une grande proportion de lactose ou sucre de lait.

On voit donc que, si l'on veut fabriquer des fromages avec du lait écrémé, le fromage maigre obtenu n'a plus guère de valeur au point de vue alimentaire, puisque malgré l'Az que contient la caséine, un des éléments les plus riches, le lactose, est perdu par le petit lait qui s'écoule.

Pour une grande beurrerie industrielle qui traite chaque jour des quantités énormes de lait, l'idéal serait évidemment d'avoir un troupeau de porcs ou de veaux suffisamment important pour pouvoir consommer tout le lait écrémé provenant de leur fabrication.

Malheureusement, depuis quelque temps déjà où les adjuvants nécessaires sont si chers, l'élevage ou l'engraissement des veaux n'est pas assez rémunéré, car pour avoir un engraissement rapide en même temps que sérieux il faut ajouter au lait écrémé des farines (orge, maïs) ou autres produits d'un prix très élevé, si bien qu'au moment de la vente, l'industriel se trouve obligé de céder ses animaux à des prix couvrant parfois à peine les frais d'engraissement.

C'est là une cause principale qui a fait rechercher à l'industriel un moyen plus avantageux d'employer ces sous-produits en pouvant tirer des bénéfices maximums.

Beaucoup d'industriels, à dater de ces derniers temps surtout, ont songé à extraire du lait écrémé la caséine qu'il contient dans la proportion de 3 à 4 %, en utilisant le dernier résidu, c'est-à-dire le sérum. à la nourriture de quelques porcs, de manière à utiliser intégralement tous les produits. Bien que la fabrication ait commencé vers 1897, ce n'est qu'en 1903 qu'on a produit industriellement la caséine à l'usine de Surgères.

Depuis quelques années avant la guerre, principalement en 1912 et 1913, les industriels français se sont vraiment occupés des moyens économiques en même temps que sérieux pour l'extraction de la caséine, et c'est depuis ce moment-là que la France passe pour préparer la meilleure caséine du monde.

Tout au début de la fabrication, où nous étions à peu près les seuls maîtres sur le marché mondial, la caséine se vendait 120 francs les 100 kgs, mais par suite de la concurrence étrangère, les prix tombèrent vite à 70 et 80 francs.

En 1913, où notre production allait sans cesse croissant, nous arrivions à produire 85.000 quintaux de caséine sur lesquels 66.000 quintaux étaient exportés dans les pays suivants :

```
En Allemagne ...............  30.000
Aux Etats-Unis .............  17.000
En Angleterre ..............  10.000
En Suisse ..................   2.000
```

Les caséineries, tant coopératives que particulières, sont surtout installées dans les régions grandes productrices de lait.

Le centre le plus important de la fabrication actuelle, qu'on peut considérer comme l'initiateur de cette production en France, est Surgères (Charente-Inférieure), où est installée une des plus grandes beurreries industrielles de France.

Voici les trois principaux centres dont j'ai connaissance en Normandie :

1° Caséinerie de la laiterie coopérative d'Isigny (Calvados), qui traite chaque jour une quantité énorme de lait ;

2° Caséinerie d'Orbec (Calvados), créée en 1907, comme succursale de celle de Surgères, et à laquelle la laiterie du « Domaine du Tremblay » fournit la caséine qu'elle produit ;

3° Caséinerie de Sainte-Croix-Grande-Jonne, succursale de Taillebourg.

Grâce aux nombreuses caséineries installées en France, l'industrie de la caséine prend un essor de plus en plus remarquable, permettant de contre-balancer la concurrence étrangère qui se fait plus âpre de jour en jour sur le marché mondial.

EXTRACTION DE LA CASÉINE DU LAIT ÉCRÉMÉ

Pour extraire la caséine du lait écrémé, il faut avant tout la faire précipiter sous forme de caillots que l'on pourra facilement séparer de la partie liquide ou sérum.

Pour préparer la caséine, il suffit d'obtenir un lait écrémé de bonne valeur, sans toutefois qu'il soit l'objet d'une préparation spéciale qui entraînerait des frais trop coûteux.

D'autre part, pour que l'exploitation de la caséine soit réellement avantageuse, il faut avoir une grande quantité de lait à traiter journellement. On n'imagine pas en effet un industriel qui ferait installer des appareils d'un prix onéreux et qui ne traiterait qu'une quantité de lait infime dont les bénéfices couvriraient à peine les frais d'amortissement des appareils.

C'est pour cette cause que l'usine du Tremblay préfère ne fabriquer la caséine que pendant les trois ou quatre mois les plus chauds de l'année, alors que la quantité à traiter devient réellement intéressante.

Elle possède à cet effet une batterie de trois cuves où a lieu la coagulation du lait. Ces cuves, qui ont la forme d'un tronc de cône dont la base la plus large se trouve à la partie inférieure, ont une contenance moyenne de 3.000 litres chacune. Elles sont en bois de sapin très résistant et munies d'un double fond en cuivre étamé où l'on fait arriver la vapeur pour le chauffage du liquide.

Dans certaines usines, le mode de chauffage est différent et, au lieu de concentrer la vapeur dans le double fond, on la fait arriver directement dans le lait. Cela présente un inconvénient assez grave, car on ne peut traiter qu'une quantité de lait beaucoup moindre à la fois. En effet, si on remplit la cuve, la pression de la vapeur qui arrive dans la masse fait déborder une partie du lait.

D'un autre côté, la vapeur qui arrive dans le lait froid, en se condensant, ajoute encore une quantité appréciable d'eau au sérum qui n'aura qu'une valeur infime si on veut s'en servir pour la nourriture des porcs.

Pendant les trois ou quatre mois où elle travaille la caséine, l'usine traite journellement 2.000 litres de lait écrémé.

La fabrication de la caséine comprend deux opérations principales :

1° Préparation du caillé, qu'on appelle dans le langage courant la caillebotte.

2° Dessiccation de la caillebotte et sa mise en poudre aussi fine que possible.

COAGULATION

Suivant le coagulant employé, les propriétés de la caséine peuvent être extrêmement variables. Mais il y a avant tout un point capital à considérer : obtenir le maximum de caséine tout en tenant compte des usages auxquels on la destine.

En effet, celui qui voudra obtenir une caséine alimentaire ne pourra employer les acides minéraux, car ceux-ci quoique donnant une caséine plus pure, forment généralement des sels à peu près impossible à éliminer, donnant à la pâte une couleur peu présentable. Ils ont en outre tous deux l'inconvénient très grave de communiquer au sérum certaines réactions qui le rendent inutilisable pour l'alimentation des animaux. Il faut alors, si on veut l'employer à cet usage, le saturer avec du carbonate de soude jusqu'à ce qu'il ne se forme plus de bulles dans la masse. Ceci entraîne alors à des frais onéreux que l'on a souvent de la peine à recouvrer, surtout dans l'engraissement des porcs déjà aléatoire et qui exige beaucoup de travail.

De nos jours on a à peu près complètement abandonné les acides minéraux, car ils ne fournissent pas d'avantages réellement intéressants.

On emploie le plus souvent la présure ordinaire (1 pour 1.000) ou encore, ce qui donne la meilleure caséine au point de vue alimentaire, on laisse le lait s'aigrir naturellement. L'acide lactique qui se produit alors sous l'influence des ferments, ensemence la masse qui se prend en caillé. Ce dernier procédé est l'un des meilleurs, car il est beaucoup

moins coûteux que les autres et donne un rendement plus élevé. Cependant il est beaucoup plus
long et exige plus de charbon pour chauffer le
caillé. Néanmoins, ce dernier n'a nullement besoin
d'être lavé puisqu'il n'a été attaqué par aucun
corps étranger.

La caséine obtenue par l'acidification naturelle
est une des plus recherchée, car on peut l'employer
pour des usages alimentaires (collage des vins) et
dans des industries de luxe (couchage des papiers
de luxe).

Cette caséine se prépare surtout en été, où les
conditions de température sont satisfaisantes pour
faire cailler le lait plus rapidement.

Mais la vraie caséine alimentaire qui exige un
lait non acide se prépare avec du lait frais que
l'on fait coaguler par la présure. Ce genre de préparation a surtout lieu en hiver, où l'acidification
naturelle serait très longue à se produire.

Nous allons maintenant étudier assez rapidement chacune des préparations différentes :

1° *Par l'acidification naturelle*

Par ce procédé, on place le lait écrémé dans de
grands bacs situés dans une salle où la température
moyenne voisine autour de 18 à 20°. Beaucoup
d'industriels négligent de mesurer l'acidité de leur
lait, ce qui, évidemment, est un tort, car si l'acidification est trop intense, il y a une perte sensible
dans le rendement : l'acidité régulière, qui est la
meilleure, est d'environ 80° Dornic.

Cette acidification est généralement assez lente

à se former et elle n'a guère lieu qu'après vingt ou vingt-quatre heures, suivant la température de la salle. Quand le lait est suffisamment caillé, on l'envoie aux cuves où il sera chauffé et travaillé suivant les règles que je donnerai ci-dessous. Dans ce genre de préparation, l'idéal serait évidemment de se procurer des cultures pures de ferments lactiques avec lesquels on ensemencerait le lait. De cette façon, la coagulation aurait lieu beaucoup plus rapidement et ne demanderait guère plus de dix heures.

2° *Coagulation par la présure*

Dans ce mode d'opération, on traite le lait écrémé frais, c'est-à-dire quelques instants après la sortie des écrémeuses.

Ce lait est placé dans de grands bacs spéciaux où il est chauffé progressivement jusqu'à la température de 35 à 38°. A ce moment on ajoute au lait tout en le brassant doucement, mais continuellement, une certaine quantité de présure, quantité qui devra faire cailler le lait en un temps donné.

Ce procédé, qui est employé au Tremblay, donne une caséine de bonne qualité, mais le rendement est moins fort qu'avec le mode précédent. Cette caséine est surtout destinée aux usages alimentaires.

3° *Coagulation par les acides minéraux*

Ce dernier est de moins en moins employé à l'heure actuelle et je ne m'étendrai guère sur ce point.

Il suffit de savoir que l'on chauffe le lait à 48°
et qu'on y ajoute une certaine quantité d'acide
sulfurique ou chlorhydrique dilué dans des proportions déterminées par la pratique.

Après avoir passé en revue les principaux modes
de coagulation du lait écrémé, nous allons maintenant étudier les différentes façons que l'on fait
subir au caillé après la coagulation.

PRÉPARATION DU CAILLÉ

Le lait est donc amené dans de grands bacs où
doit avoir lieu la coagulation, un ouvrier fait
arriver la vapeur dans le double fond de la cuve
et la masse est chauffée progressivement jusqu'à 70°. Lorsqu'on emploie la présure, ce qui est
assez fréquent, on ajoute cette présure quand la
température voulue est atteinte.

Quand le caillé est formé, on le découpe grossièrement avec un tranche-caillé ordinaire. Cet ins-
trument se compose de deux arcs de cercle sur
lesquels sont tendus des fils d'acier assez fins. On
passe ce tranche-caillé dans les deux sens, de
manière à mieux diviser la masse.

Quand le caillé est à peu près découpé, on agite
toute la masse avec un agitateur quelconque dont
le plus simple et le plus pratique est une simple
pelle de bois, munie d'un manche assez long et que
l'on peut manœuvrer du haut de la cuve.

Dans certaines usines, on emploie des agitateurs
métalliques qu'un système d'engrenages spécial
permet de faire mouvoir par une manivelle, ce qui
est évidemment beaucoup moins fatigant.

Malheureusement, ces agitateurs, surtout s'ils sont en fer, sont d'une durée éphémère, car ils sont vivement rongés par l'acidification naturelle du lait.

Certains fabricants recommandent d'agiter jusqu'à ce que les grains du caillé atteignent la grosseur d'un grain de blé. Ce n'est pas là une méthode dont je suis partisan, car à mon humble avis, plus les grains de caséine sont fins et menus, plus il y a de perte, car ces grains sont entraînés par le sérum quand il s'écoule et qu'il traverse le sac de toile grossière où il doit filtrer.

Après l'agitation, on laisse un temps de repos assez long, de façon à ce que la caséine se dépose nettement au fond. On soutire alors le sérum en ayant soin de fixer au robinet d'évacuation un sac de toile assez grossière qui retient les particules de caséine en suspension dans le petit lait et qui pourraient se trouver entraînées.

Le petit lait qui s'écoule est envoyé dans des fosses en attendant qu'on l'emploie pour la porcherie.

Quand tout le sérum est évacué, le caillé se réunit en masse au fond de la cuve en formant une couche compacte et assez épaisse.

Ce caillé ainsi séparé de la partie liquide doit être lavé à plusieurs reprises pour éviter toutes causes d'altération.

Pour cela, on fait arriver par un ajustage spécial de l'eau tiède à la température voisine de 50° et, après avoir rempli la cuve environ à moitié, on brasse légèrement le tout pendant huit à dix minutes ; on laisse reposer un peu et on fait écouler l'eau de la même manière que le sérum. Une dernière fois on répète l'opération mais avec de l'eau froide.

Ces opérations de lavage sont d'une grande importance, surtout en été, car elles ont pour but d'entraîner le lactose ou sucre de lait qui s'altère très rapidement et rend la caséine à peu près inutilisable. De cette façon, se trouvent aussi entraînés les sels formés pendant la coagulation et les autres impuretés, car l'industriel doit chercher avant tout à obtenir une caséine très pure et d'une belle couleur blanche. Moins bien elle sera lavée, plus elle aura une couleur jaunâtre qui indiquera un lavage insuffisant, et moins elle sera estimée.

Une fois lavé, on doit laisser refroidir le caillé le plus complètement possible.

Quand toutes ces opérations sont terminées, un ouvrier descend dans la cuve après s'être déchaussé et met le caillé en sacs au moyen d'une pelle simplement munie d'une poignée.

Ces sacs sont alors mis sous une presse à levier à l'extrémité duquel on ajoute des poids assez lourds, de façon à extraire le plus parfaitement possible le petit lait et l'eau qui gorgent encore le caillé. On laisse ainsi les sacs pendant vingt-quatre heures après lesquelles la caséine contient encore 50 % d'eau.

L'opération, jusqu'à la mise sous presse, dure environ cinq heures. Il n'y a guère besoin que d'un homme pour s'occuper de toutes les façons.

La plupart du temps, la caséine ainsi fabriquée est envoyée en sacs directement à une sécherie qui l'achète suivant un contrat renouvelé chaque année.

Cette année, les sécheries achètent aux laiteries 350 et 400 francs les 100 kgs de caséine sèche.

Comme la plupart des usines livrent cette caséine aux sécheries quand celle-ci contient encore 50 % d'eau, les prix sont basés sur le nombre de litres de lait traités par l'usine et un rendement de 3 % de caséine sèche. En un mot, elles paient de 10 fr. 50 à 12 fr. l'hectolitre de lait écrémé. Les frais de transport s'ajoutent encore généralement aux frais de l'usine expéditrice.

Si l'usine productrice veut elle-même utiliser sa caséine, par exemple pour la fabrication d'une colle avantageusement employée pour coller les étiquettes sur les boîtes d'emballage des fromages, elle devra autant que possible utiliser la caillebotte fraîche. Il suffit pour cela de briser grossièrement les galettes de caséine et d'achever de les diviser en les faisant passer dans un moulin spécial.

D'une façon générale, on voit que les bénéfices sur les petites quantités de lait écrémé ne sont pas assez importants pour que cette exploitation devienne réellement avantageuse ; il faut pour cela la faire sur une grande échelle.

En effet, le litre de lait écrémé est payé 10 à 12 centimes et il faut tenir compte en plus des frais de chauffage et de main-d'œuvre pour le travail du caillé. Si cependant on remarque que le prix moyen de 0 fr. 05 s'ajoute au précédent quand on utilise le sérum pour la nourriture des porcs, les bénéfices ne peuvent dépasser le maximum de 0 fr. 10 par litre.

Je vais maintenant compléter ce début en donnant un aperçu du travail qui se fait dans les sécheries.

Dessiccation. — La caséine telle qu'elle sort du moulin, c'est-à-dire dans un état de division assez prononcé, contient encore environ 50 % d'eau puisqu'elle n'a subi aucune préparation spéciale dans le but de faire évaporer l'eau qu'elle renferme.

Si on la laissait ainsi hydratée, elle ne tarderait pas à entrer en fermentation, ce qui la rendrait à peu près inutilisable.

Le premier travail des sécheries est donc de déshydrater cette caséine.

Pour cela, la caséine est étalée en couches peu épaisses sur des grandes toiles tendues sur un cadre de bois que l'on porte au séchoir.

La dessiccation est, je dirais, l'opération la plus importante et la plus délicate à conduire. En effet, si au début la température se trouve brusquement élevée, les grains de caséine sont saisis, les couches superficielles se durcissent et l'eau se trouve ainsi retenue à l'intérieur, la caséine prend alors une couleur rougeâtre qui la déprécie à peu près entièrement.

Les toiles sont placées sur des wagonnets genre « Decauville », munis d'une plate-forme spéciale dont les rails traversent dans toute sa longueur un four affectant la forme d'un couloir. Ces chariots sont généralement actionnés par une crémaillère qui se meut entre les rails et s'engrène avec un pignon placé sous le wagonnet. D'autres fois on enfonce simplement les wagonnets qui se chassent les uns les autres.

Ces wagonnets sont introduits par la partie la moins chaude du four, où ils rencontrent un courant d'air, venant en sens inverse, produit par un puissant ventilateur.

Les chariots s'acheminent lentement à travers le four en traversant une atmosphère de plus en plus chaude et, quand ils arrivent à l'autre extrémité, la caséine est suffisamment sèche pour pouvoir être passée au moulin qui doit la broyer.

D'autres fois, au lieu d'employer des chariots, on place la caséine sur une sorte de grand tapis roulant qui traverse lentement le four.

Avec une température moyenne de 50 à 55°, il faut environ 10 à 12 heures à la caséine pour être arrivée à un état suffisamment sec, c'est-à-dire quand elle ne contient plus que 12 % d'humidité, au maximum. Si la déshydratation n'est pas suffisante, la caséine est encore sujette à des mauvaises fermentations qui font qu'on ne peut la conserver que très peu de temps.

Le dernier système de transport à travers le four, que j'ai indiqué plus haut, est de plus en plus délaissé de nos jours, car il présente un grand inconvénient. En effet, bien que la toile n'aille pas bien vite, on est obligé de jeter la caséine sans toujours pouvoir l'étendre complètement, de telle sorte qu'elle reste en plaques et le séchage est alors irrégulier.

Quand la caséine est suffisamment sèche, on doit la moudre à des grosseurs variables suivant les usages auxquels on la destine. Si c'est pour l'alimentation, on la réduit généralement en farine, tandis que pour les usages industriels on la laisse en grumeaux plus ou moins gros.

On emploie pour cela des moulins spéciaux munis de tambours en granit, à écartement variable. Quand la caséine est ainsi divisée, on la tamise sur des toiles de grosseurs différentes pour avoir des poudres de finesse variable.

Pendant la mouture, il s'échappe une poussière très fine que l'on recueille avec soin, car elle a une grande valeur, constituant la base de la poudre de riz.

Quand la caséine est sèche, elle absorbe très facilement l'humidité. Il faut alors avoir soin de la conserver dans des récipients bien étanches ; celui qui, à mon avis, est le meilleur à conseiller, est une caisse en bois bien sec que l'on garnit intérieurement de papier sulfurisé et que l'on conserve dans un endroit absolument sain.

RENDEMENT

Comme je l'ai dit précédemment, on compte qu'il faut 100 litres de lait pour donner 9 à 10 kgs de caséine hydratée ou caséine verte contenant environ 60 à 70 % d'eau qui donneront, après la déshydratation, 3 kgs 500 environ de caséine sèche à 12 % d'humidité. On voit donc qu'en moyenne la caséine sèche se réduit à environ un tiers de la caséine hydratée.

En général, la caséine industrielle donne un rendement plus élevé que la caséine alimentaire, car elle est moins pure, mais ceci se compense par le prix de vente de cette dernière.

COMPOSITION

La valeur commerciale d'une caséine, surtout d'une caséine alimentaire, dépend de sa teneur albuminoïde.

Voici, d'après le docteur Faschetti, la composition moyenne d'une caséine industrielle :

Eau	10,20 %
Matières organiques	85,45 %
Cendres	4,35 %
Matières albuminoïdes	75,65 %
Azote	12,12 %
Acide phosphorique	1,90 %
Chaux	9,88 %

EMPLOIS

Les emplois de la caséine sont si nombreux que je ne voudrais pas les détailler tous ici ; je me contenterai de les énumérer en disant quelques mots des principaux.

Au point de vue de ces emplois, on fait avant tout deux grandes catégories : la caséine industrielle et la caséine alimentaire.

Caséine industrielle. — La caséine industrielle sert à préparer la galalithe, la lactite ou pierre de lait qui imite à merveille l'ivoire, l'ambre, le corail. et que l'on peut facilement travailler. Elle sert aussi à la préparation de divers objets et en particulier des articles de bazar. Elle entre en grande partie dans la préparation du celluloïde et l'on peut s'en servir pour faire une ébonite spéciale.

On a créé avec une préparation spéciale un amalgame qui sert à la préparation de colles, mastics, vernis et enduits, apprêt des papiers, dentelles, peinture, etc. Enfin, elle sert à coller les boissons alcooliques : vin, bière, etc...

Voici une des formules employées pour la préparation de la colle qui sert au collage des étiquettes sur les boîtes à fromages, dont j'ai signalé l'utilité plus haut :

On dissout 4 kgs de caséine en poudre dans 32 litres d'eau à laquelle on ajoute 500 grammes de borax et un demi-litre d'ammoniaque. On chauffe très lentement en agitant continuellement, sans arriver toutefois à l'ébullition, et on laisse refroidir. Quand le mélange est trop épais, on ajoute un peu d'ammoniaque.

Cette recette remplace avantageusement la colle de farine que l'on employait il y a quelques années encore, mais qui devenait d'un prix inabordable en ces derniers temps.

Dans le collage des boissons, on remplace maintenant l'albumine du blanc d'œuf, la colle de poisson, la gélatine ou l'albumine du sang par la caséine, car elle présente des avantages réellement intéressants.

Elle ne communique aucun mauvais goût, comme cela arrive fréquemment avec la colle ou la gélatine. D'un autre côté on peut la mettre en excès et elle sera quand même précipitée par les acides, ce qui n'a pas lieu pour le blanc d'œuf et qui peut compromettre l'opération.

En outre, elle entraîne moins de soins et elle n'a qu'une action insignifiante sur la matière colorante.

Elle donne des flocons très denses qui peuvent s'éliminer très facilement, diminuant d'autant les risques d'altération du liquide.

Comme on sait qu'un clarifiant est d'autant plus efficace que sa dissolution dans le liquide est plus parfaite et par suite qu'il se répartit mieux dans toute la masse en entraînant la totalité des impuretés, il faut se garder d'employer une solution trop concentrée qui donnerait de gros flocons vite entraînés qui n'enlèveraient qu'une infime partie des impuretés.

Pour cela, il faut employer un poids d'eau tiède égal au moins à vingt fois celui de la caséine. On laisse tomber la poudre de caséine par petites quantités dans l'eau en agitant constamment pour éviter qu'il ne se forme des grumeaux.

On laisse reposer quelques heures, puis on verse le mélange dans le vin en brassant continuellement celui-ci, et on laisse reposer le tout sept à huit jours avant de soutirer.

Il convient aussi de faire remarquer que les boissons clarifiées par la caséine doivent être séparées le plus tôt possible de leur dépôt et soutirées dans un autre tonneau très propre et faiblement méché.

On compte qu'il faut environ 12 à 15 grammes de caséine pour coller un hectolitre de vin.

Je ne m'étendrai pas plus longtemps sur les usages de la caséine, encore employée dans la fabrication des savons de luxe, des agglomérés, pour affermir les pâtes à poteries et enfin pour la préparation des bouillies cupriques, dont elles augmentent l'adhérence.

Usages alimentaires. — La deuxième catégorie comprend la caséine alimentaire.

Bien que la caséine soit un aliment azoté de premier ordre, on ne lui rencontre aucune utilisation vraiment pratique dans l'alimentation humaine. On l'incorpore, assez difficilement du reste, dans les pains spéciaux, biscuits, pâtes, sucre, chocolat, etc... Le plus souvent, on l'emploie à préparer des produits divers pour la suralimentation des estomacs délicats : plasmon, caséon, etc., dont les prix sont très élevés à cause des nombreuses préparations qu'ils nécessitent.

Pour la nourriture des animaux, on l'incorpore quelquefois aux tourteaux, son, mélasse de sucrerie. Ces mélanges sont bien acceptés par les animaux, notamment par le cheval et le porc, qui sont moins délicats que les ruminants.

Conclusion

Devant une utilisation industrielle développée, on est porté à regretter qu'un produit aussi riche ne soit pas, de nos jours où la vie est si chère, entièrement consacré à l'alimentation.

Dans mon chapitre suivant, je justifierai cette thèse en étudiant la question de l'utilisation du lait écrémé dans l'alimentation et nous verrons de grands avantages sur l'utilisation actuelle. Malheureusement, l'élevage des animaux serait bien loin d'employer tous les résidus dans les laiteries où l'on traite le maximum de lait et où l'on fait très peu d'élèves, ce qui, évidemment, n'est pas entièrement un tort étant donné l'aléa de l'élevage et de l'engraissement des porcs. Il faut donc une autre utilisation que l'élevage, pour le lait écrémé restant à l'usine. La caséine offre à ce point de vue, évidemment de nombreux avantages, mais il s'agit de savoir quel est le meilleur au point de vue économique et social.

La concurrence est sous ce rapport un des principaux points à envisager, car les caséines américaines concurrencent actuellement dans de fortes proportions nos caséines françaises, malgré les droits élevés qui majorent leur prix. En effet, en Amérique, étant donné le prix faible du lait et du charbon et les grosses quantités traitées journellement, leur prix de revient est de beaucoup inférieur à celui des caséines françaises.

Aujourd'hui, ce sont surtout l'Angleterre, la Belgique et la Hollande qui, mieux placées que nous sous le rapport du charbon, nous font concurrence.

Donc, puisque nous sommes les moins bien placés pour la production et les industries de la caséine, nous devons destiner plus spécialement notre sous-produit à l'élevage où aucune concurrence n'est à craindre et au point de vue duquel nous sommes très favorisés par la nature.

Cependant, quant au surplus du lait écrémé qui se trouve en grande quantité dans les régions très laitières, on ne rencontre guère d'autres industries qui soient aussi rémunératrices que celle de la caséine. Le grand point vers lequel doivent tendre tous nos efforts et qui serait l'idéal si nous pouvions l'atteindre, serait de fabriquer chez nous un produit que nous pourrions consommer sur place sans avoir à craindre la concurrence étrangère.

Nos caséines sont, paraît-il, supérieures aux caséines étrangères pour la fabrication du simili-corne, où elles sont très recherchées. Cela est dû surtout à ce qu'elles proviennent de laits moins acides. Il faudrait donc pouvoir travailler la caséine chez nous et non pas la vendre à l'étranger pour la lui racheter ensuite plus cher sous une autre forme. Il y a là évidemment une question de brevets qui, pour la plupart, appartiennent aux nations étrangères, mais la durée de ceux-ci n'est pas illimitée et il ne manque pas de Français ingénieux pour en obtenir de nouveaux.

Malheureusement, si nous approfondissons un peu la question et que nous regardions comment cette industrie est organisée en France, nous voyons que le fardeau le plus lourd à supporter, et qui contribue à lui seul au renchérissement des produits, est l'intermédiaire.

Prenons pour cela un seul exemple suffisamment convaincant à lui seul : l'objet de galalithe ou simili corne que nous achetons dans un magasin de Paris est passé par le producteur de lait, l'usine laitière, la sécherie, l'usine étrangère qui transforme le produit, la fabrique ou les ouvriers à domicile qui confectionnent l'objet, enfin la maison de gros, puis celle de détail ; soit en tout et pour tout, sept intermédiaires.

Devant des chiffres aussi imposants, est-il possible que l'industrie laitière qui veut tirer le meilleur parti possible du lait écrémé supprime quelques-uns de ces intermédiaires ? Je répondrai : certainement oui, car de nos jours nous en avons d'heureux exemples.

Le meilleur d'entre eux est sûrement celui de l' « Union Coopérative des Caséineries des Charentes et du Poitou », qui a fondé une usine où arrivent toutes les caséines de la région. Dans les statuts de cette association, fondée le 18 avril 1912, nous relevons l'article suivant indiquant le principal but de cette société « consacrée à tout ce qui concerne l'industrie de la caséine, plus particulièrement à la recherche de ses débouchés et à la vente des produits fabriqués tant à l'intérieur qu'à l'extérieur ».

Malheureusement, si cette industrie est facile à fonder dans une région essentiellement beurrière, il n'en est pas de même dans la plupart des fromageries normandes où la plus grande partie du lait écrémé va à l'élevage et où on ne dispose guère de ce sous-produit qu'en été et souvent en quantités insuffisantes pour fonder une industrie.

Il ne faut donc pas songer à la coopération avec d'autres laiteries, car en Basse-Normandie on dispose encore moins de lait écrémé.

Là il ne peut donc pas être question de caséine.

Il en est de même dans toutes les petites laiteries qui trouvent avantage, la plupart du temps, à nourrir des porcs avec leur lait écrémé.

Mais pourquoi des sécheries ne fabriqueraient-elles pas elles-mêmes les produits divers : simili-corne ou caséine alimentaire ? Elles pourraient de cette façon payer plus cher le lait écrémé tout en y trouvant un bénéfice appréciable.

Heureusement, certaines caséineries le font déjà et je suis certain que sous peu la caséine prendra en France la place qui lui est due et que son industrie deviendra réellement florissante.

II. — **Le lait écrémé en élevage**

Dans le chapitre précédent, j'ai montré que si l'utilisation industrielle du lait écrémé est intéressante pour les grandes beurreries, il n'en va pas de même pour les petites fromageries où, au contraire, elle doit venir en dernier. Car, grâce aux bénéfices qu'il procure, l'élevage lucratif mérite une mention toute particulière.

Nous allons maintenant étudier l'utilisation du lait écrémé par chaque espèce d'animaux.

1° **Pour les porcs**

Le lait écrémé dans l'élevage des porcs est d'autant plus productif que ceux-ci sont plus jeunes. Le jeune goret prend en effet très rapidement de la viande quand il est nourri dans de bonnes conditions. Dès qu'il atteint l'âge de trois mois et demi à quatre mois, ce genre de nourriture ne devient plus guère intéressant.

Comme je le disais dans le chapitre précédent, les grandes beurreries qui ont d'énormes quantités de lait écrémé préfèrent d'abord extraire la caséine puis donner le sérum aux porcs, en y ajoutant quelques adjuvants. De cette façon ils ont une moins grande quantité de porcs et se trouvent plus à couvert des nombreux aléas qui affligent cette spéculation.

Quelle quantité de porcs faudrait-il en effet pour écouler tout le lait écrémé d'une beurrerie qui traite journellement 8 à 10.000 litres de lait ? Et si, d'autre part, une épidémie épizootique s'abattait sur la porcherie, ce serait une perte énorme à subir pour l'industriel. J'ai eu moi-même l'exemple sous les yeux, cette année, d'un industriel qui a dû faire abattre avant qu'ils ne soient complètement atteints 250 porcs qu'il élevait et engraissait avec les sous-produits de sa laiterie.

Avec des porcelets, on peut faire deux genres de spéculation : ou bien élever les jeunes porcelets, ce qui est plus avantageux, mais les risques sont plus grands car la mortalité est beaucoup plus à craindre chez le jeune porc que chez le porc d'engraissement déjà adulte ; ou bien engraisser des porcs, avec lesquels les risques sont beaucoup moindres.

ÉLEVAGE

D'une manière générale, il ne faut pas employer seulement le lait écrémé pour la nourriture des porcelets. Ce dernier, en effet, n'est pas assez substantiel et le goret ne profite que très peu. Il faut lui ajouter un adjuvant quelconque : farine, grains (orge ou seigle), tubercules cuits, tourteau, etc...

R. R.

Généralement, on sèvre les gorets quand ils atteignent quatre semaines. On commence à leur donner alors en petite quantité et deux fois par jour un supplément de nourriture constitué par du lait écrémé n'ayant subi aucune préparation, c'est-à-dire doux, du lait aigri n'aurait en effet qu'une action désastreuse sur l'estomac du jeune porc et ne tarderait pas à provoquer une diarrhée grave, pouvant même entraîner la mort de l'animal.

Pendant quelques jours seulement, on leur donne du lait écrémé seul. Ensuite, on ajoute progressivement une petite quantité de farine d'orge, de manière à former une bouillie sans consistance.

Au fur et à mesure qu'on diminue le nombre des têtées, qui, au bout de la sixième semaine ne sont généralement que de deux par jour, on augmente la quantité de lait écrémé et de farine pour donner une bouillie de plus en plus épaisse.

Au bout de la septième semaine, on termine le sevrage et la ration individuelle est d'environ 10 litres de lait écrémé et 1 kilo de farine par jour. C'est à ce moment qu'on choisit les reproducteurs, les autres sont alors castrés puis destinés à l'engraissement.

ENGRAISSEMENT

L'âge qui semble le plus favorable pour l'engraissement des porcs est de 5 à 6 mois. C'est à ce moment-là qu'ils paient le plus avantageusement la ration qu'on leur fournit car ils prennent rapidement du poids.

Cependant, le plus souvent, dans les annexes des laiteries où l'élevage n'est pas avantageux, car il est trop long, on ne pratique que l'engraissement et l'on achète des porcs de 10 à 13 mois pesant de 50 à 60 kgs pour les amener au poids de 80 à 100 kgs.

Quand il s'agit d'engraisser vivement des porcs, il faut leur fournir une nourriture maximum, c'est-à-dire qu'il faut leur faire absorber la plus grande quantité possible d'aliments sans toutefois les gorger par trop pour les dégoûter. En hiver, quand les jours sont courts, deux repas suffisent, mais durant les longs jours il faut au moins trois repas et même quatre si possible. Plus les repas seront nombreux, sans toutefois exagérer, meilleure sera l'utilisation de ces aliments, car si on en donne peu à la fois le porc mange tout et il a le temps de bien digérer entre chaque repas, tandis que si on lui donne tout d'un coup il mange jusqu'à ce qu'il soit rassasié et laisse le reste.

La base de la nourriture devra être constituée par des farineux et des féculents. On pourra vérifier en pesant régulièrement les animaux quel est l'adjuvant qui fournit le plus de viande et au meilleur compte.

Au fur et à mesure que ces porcs augmenteront de poids il faudra augmenter leur ration. On devra autant que possible varier un peu les aliments afin qu'ils gardent toujours un grand appétit.

Voici un exemple d'engraissement au lait écrémé seul, pratiqué au « Domaine du Tremblay » et cité par M. Lavalou, notre ancien directeur :

« Les porcs restent au pâturage et on leur donne
du lait une fois par jour. Après six semaines à
deux mois de ce régime, on les rentre à la porcherie
où on continue à ne leur donner que du lait écrémé
pendant six semaines encore, puis on les vend.
Chaque animal consomme 30 litres de lait par
jour pendant 100 jours et rapporte 150 à 200 francs
à la vente. »

Ceci était l'ancienne méthode employée ici.
Aujourd'hui, nous préférons garder moins de porcs
dont l'engraissement devient de plus en plus
aléatoire, pour tirer du lait écrémé de la caséine et
de la poudre de lait qui rapportent beaucoup plus.

La Société ne possède guère plus d'une cinquantaine de porcs, qui sont achetés alors qu'ils pèsent
de 50 à 60 kilos. Ils sont gardés de trois mois et
demi à quatre mois jusqu'à ce qu'ils aient atteint
le poids de 100 à 110 kgs.

Ils ne reçoivent comme nourriture exclusivement
que du lait écrémé. Les plus jeunes seuls ont un
supplément de pommes de terre cuites et de farine
d'orge. Jamais on ne leur donne du petit lait. On
avait essayé pendant un moment d'alterner un
repas de petit lait entre deux repas de lait écrémé,
mais les résultats n'ont été aucunement satisfaisants ; les porcs venaient beaucoup moins franchement et la viande gardait un goût de lait aigri.

De toutes façons, l'engraissement est toujours
arrêté quand les animaux ne paient plus la nourriture qu'on leur donne, c'est-à-dire quand l'aug
mentation de poids n'est plus en rapport avec la
nourriture fournie. Cela arrive généralement

quand le porc atteint le poids moyen de 110 à 120 kgs. Si on voulait pousser l'engraissement plus loin, jusqu'à 150 kgs par exemple, il faudrait fournir une quantité de nourriture énorme par rapport au poids de viande que prendrait l'animal. D'un autre côté, à partir de ce moment-là il ne se forme presque plus de viande mais surtout de la graisse, et une viande par trop grasse n'est pas estimée des acheteurs.

Quelques mots maintenant sur chacun des principaux adjuvants employés généralement avec le lait écrémé.

1° *Le maïs*, surtout employé sous forme de farine en partie avec du lait écrémé, fournit une ration peu coûteuse. Malheureusement on lui reproche souvent de donner un lard mou et sans aucune saveur. Il est bon d'en arrêter l'emploi quand l'animal atteint un poids de 60 kgs.

2° *L'orge.* — C'est surtout l'orge moulue qui paraît donner chez le jeune animal l'engraissement le plus rapide et le plus avantageux. Certaines expériences ont montré qu'il ne fallait que 4 litres d'orge pour produire 1 kilo de viande chez un jeune animal et 6 à 8 litres chez un adulte. En outre, on attribue à l'orge la propriété de donner au lard le goût de noisette si recherché des consommateurs.

3° *Pommes de terre.* — Employés seuls, les pommes de terre cuites et le lait écrémé fournissent une chair molle et sans couleur. En outre, ils sont insuffisants au point de vue nutritif et l'engraissement perdrait tous ses avantages tant il serait long si on en faisait un usage exclusif. De toutes façons et comme je le disais précédemment, le meilleur moyen est de donner aux jeunes, de temps à autre, un peu de ces tubercules. On peut encore les faire servir en fin d'engraissement, car elles élargissent la relation nutritive.

4° *Les produits divers :* manioc, trèfle, fèves et pois, sont utiles, mais assez chers.

Les glands et les châtaignes donnent une viande saine, savoureuse et un lard bien ferme.

D'une façon générale, quand on veut pousser des porcs à l'engrais, il faut choisir la race qui semble le mieux répondre aux services qu'elle doit nous rendre, lui fournir une nourriture saine et abondante, en ayant soin de donner les repas à heure fixe, sans quoi les animaux s'impatientent et perdent ainsi une partie du profit de l'engraissement.

Il faut en outre avoir une installation pratique comprenant une loge assez étroite où la lumière a peu d'accès, de telle façon que les animaux, tout en se remuant peu, se trouvent dans une demi-obscurité qui les incite au repos.

Les porcheries des usines du Tremblay comprennent deux parties : une qui se trouve à l'extérieur et dans laquelle sont situées les auges, l'autre complètement fermée et munie d'une simple lucarne où ne passe que très peu de lumière. Les animaux restent enfermés dans cette dernière loge pendant toute la journée et ne passent à l'extérieur

que pendant une demi-heure au moment des repas.
On arrive de cette façon à un engraissement assez
rapide.

2° **Pour les bovins**

Dans l'espèce bovine, le lait écrémé est surtout
employé pour l'élevage des veaux et il est très
rare qu'on l'utilise pour la nourriture des adultes,
bien qu'on prétende qu'il active abondamment la
secrétion d'un lait très riche en matières grasses.
Ceci aurait donc une importance, encore relative,
pour celui qui vendrait son lait suivant sa teneur
en matières grasses. Et encore arriverait-il à y
trouver son bénéfice ?

Pour les veaux d'élevage, on fait souvent très
peu de frais : après quelques jours de lait maternel,
tous les animaux boivent du lait de plus en plus
écrémé qui, à partir de deux ou trois semaines, est
mélangé à du thé de foin.

Un des meilleurs procédés est, à mon avis, de
substituer, au bout de trois semaines environ, le
lait écrémé au lait pur, en y ajoutant de la farine
de manioc dans la proportion de 60 grammes par
litre de lait. On donne environ un litre de ce
mélange pour 5 kgs de poids vif de l'animal.

La farine de manioc semble être la meilleure à
donner aux jeunes veaux, car elle est très nutritive et on peut l'ajouter au lait écrémé en grande
quantité sans avoir à craindre les troubles
digestifs.

La ration est augmentée progressivement au fur
et à mesure que l'animal prend du poids.

Les farines de légumineuses, qui sont très nutritives, ont un inconvénient assez grave : si on en dépasse la dose de 30 grammes par litre de lait, elles occasionnent souvent chez l'animal des diarrhées assez graves qui peuvent devenir dangereuses et même provoquer la mort du veau, chez lequel la résistance à la maladie n'est pas très forte.

De toutes façons, et je crois que beaucoup d'éleveurs sont de mon avis sur ce point, l'élevage au lait écrémé ne peut guère se pratiquer que pour les animaux que l'on destine à la boucherie de bonne heure. En effet, chez un animal de race, quand on veut avoir plus tard une bête réellement jolie, il ne faut pas regarder à la dépense lorsque la bête est jeune. C'est de ce moment critique, en effet, que dépend tout l'avenir, et un animal recevant pendant sa jeunesse tous les aliments nécessaires à son développement progressera vivement en poids et force tout en prenant une grande résistance contre les maladies qui pourraient l'atteindre. Et j'estime que, pour avoir des veaux d'élevage réellement jolis et à la fois très forts, il n'est encore rien de tel que de les laisser téter à la mamelle de la mère, pendant quelque temps au moins.

Beaucoup d'éleveurs s'étonnent d'avoir certaines années des veaux dont la naissance se fait dans de très bonnes conditions, qui s'élèvent très bien, puis, soudain, au bout de trois semaines, crèvent subitement sans que l'on ait pu déterminer exactement la cause de la mort. Et j'ai connu plusieurs éleveurs à qui cela était arrivé qui ont laissé le veau avec la mère pendant le premier mois en trayant le surplus du lait qui restait dans la mamelle, et la mortalité des veaux devenait pour ainsi dire nulle. A quoi attribuer exactement cette cause ? On n'a pu encore le dire exactement, mais toujours est-il que les résultats sont probants.

Mais, quand même, en employant le lait entier sans faire têter la mère, beaucoup objecteront ceci : le lait entier donné aux veaux n'est payé qu'un prix infime puisque l'augmentation de poids est très lente par rapport à la quantité de lait fournie. Ceci est évident, mais le petit sacrifice que l'on fait arrive à se retrouver certainement et le bénéfice sera beaucoup plus important quand plus tard on vendra l'animal.

Certains éleveurs prétendent aussi qu'il ne faut pas pousser trop les génisses au lait entier, car alors elles prennent beaucoup de viande, mais leurs qualités laitières n'augmentent pas dans les mêmes proportions et même diminuent, si bien que plus tard elles ne seront pas de bonnes bêtes laitières.

Cela est éminemment vrai et a presque toujours été constaté, car on ne peut à la fois forcer une bête à prendre de bonnes aptitudes laitières, tout en la poussant à la viande.

Mais il y a cependant une juste mesure et l'on peut, au bout de trois semaines à un mois, sans continuer à les nourrir trop copieusement, diminuer progressivement la quantité de lait entier à leur fournir chaque jour et le remplacer par du lait écrémé en y ajoutant des aliments concentrés : tourteaux, graines de céréales, etc.

En un mot, on peut dire que le lait écrémé dans l'élevage des bovins peut très bien convenir, mais qu'il revient presque aussi cher que le lait entier, puisque pour avoir de bons résultats il faut y ajouter des adjuvants qui, aujourd'hui, sont d'un prix très élevé.

3° **Pour les poulains et les volailles**

a) POUR LES POULAINS

Il arrive assez souvent qu'une jument n'étant pas très bonne laitière, ou même qu'à cause des travaux qui lui sont demandés par les petits agriculteurs dont l'écurie est peu importante, elle ne fournisse pas tant de lait que si elle était en repos dans un herbage. Dans ce cas, le meilleur remplaçant, quoique ne contenant pas tous les principes nécessaires, est le lait écrémé.

Le seul moyen de lui donner une valeur nutritive à peu près égale à celle du lait de la mère, est de lui ajouter du sucre, qui remplacera le lactose sans toutefois avoir rigoureusement les mêmes propriétés.

Cependant il faut utiliser ce genre de nourriture avec une grande prudence et quand on y est absolument forcé, car l'estomac du jeune animal est très délicat et l'on pourrait craindre des accidents graves, notamment des diarrhées très dangereuses.

Certains éleveurs recommandent le lait écrémé comme supplément de ration au moment du sevrage du poulain, car, paraît-il, il permet de prolonger l'allaitement à l'avantage du sujet.

Comme la plupart du temps les laiteries disposent d'une grande cavalerie pour le ramassage du lait, cavalerie soumise pendant l'été à un dur labeur, on pourrait utiliser un mélange de farine d'avoine et de lait écrémé constituant un mélange moins échauffant et plus nourrissant que l'avoine seule. La dose, qui ne peut être généralisée, doit être déterminée par la pratique.

Ce genre de nourriture, pour être d'un emploi réellement utilitaire, exige des chevaux qui en aient l'habitude. Les premiers temps qu'on leur distribue cette ration, ils l'acceptent difficilement, certains même n'en veulent jamais, mais généralement peu à peu ils s'y habituent et la prennent aussi facilement qu'une autre ration.

b) Pour les volailles

Le lait écrémé est pour la basse-cour d'un précieux secours.

Le lait écrémé seul ne pourrait cependant pas convenir comme nourriture aux volailles dont l'estomac est essentiellement fait pour broyer et digérer les grains. En outre, il renferme trop d'eau et les gallinacés ne pourraient pas en prendre une quantité suffisante pour trouver les principes nécessaires à leur nutrition. Il faut donc, pour le rendre réellement avantageux, y ajouter des adjuvants spéciaux dont les meilleurs sont les graines de céréales (orge ou avoine).

Le lait écrémé caillé frais convient surtout aux jeunes poussins, toutefois il faut avoir soin de l'employer frais, sans quoi, s'il a subi un commencement de fermentation, il devient dangereux pour l'intestin des jeunes bêtes.

Certains aviculteurs ont remarqué que les volailles nourries surtout au lait écrémé ont beaucoup plus de poids que celles nourries de grains. Mais il y a là un inconvénient, car souvent la chair est beaucoup plus molle, beaucoup plus aqueuse et d'un goût très prononcé, quand ce n'est d'un petit goût sûr, qui déprécie beaucoup les animaux.

D'un autre côté, en nourrissant des pondeuses à peu près exclusivement au lait écrémé et en n'y ajoutant que des farines ou des succédanés quelconques, il arrive souvent que celles-ci pondent des œufs hardés, c'est-à-dire sans coquille. Ceci s'explique très facilement, car ces animaux ne peuvent trouver dans le lait écrémé les matières calcaires nécessaires à la formation de la coquille de l'œuf. Il faudrait pour cela ajouter au lait des sels de chaux solubles, mais les effets produits ne sont pas toujours très bons, car le mélange devient très difficile à digérer.

L'engraissement au lait écrémé peut être assez lucratif, tout en donnant une chair moins fine et moins estimée qu'avec le grain.

Je relève dans l'ouvrage *Incubation et Elevage artificiel des Volailles,* de M. Roullier-Arnould, le mode d'engraissement suivant :

« A trois mois, les poulets pèsent de 1 kg. 200 à 1 kg. 500. On les gave trois fois par jour avec une bouillie composée de 300 à 350 grammes de farine d'orge bien blutée et délayée dans un litre de lait écrémé.

« Les trois derniers jours, on ajoute par litre de liquide, 10 grammes de graisse de porc, fondue au préalable dans un peu de lait, et un œuf cru. Après trois semaines de ce régime, les poulets pèsent de 800 à 1.000 grammes de plus. »

Dans le cas de l'élevage au lait écrémé, il me semble que le meilleur procédé est de nourrir les volailles au champ en complétant leur nourriture avec du lait écrémé additionné de farine.

D'après ce que nous venons de voir sur l'utilisation du lait écrémé dans l'élevage, nous pouvons conclure que son emploi est tout aussi lucratif que celui de la caséine et nous croyons que pour une petite laiterie il vaut mieux opter pour cette dernière utilisation.

III. — Le lait écrémé
dans l'alimentation humaine

En constatant la richesse du lait écrémé, on est tout d'abord frappé que son utilisation dans l'alimentation humaine ne soit pas plus généralisée. Nous allons voir dans ce chapitre chacune des formes les plus usitées du lait écrémé dans cette alimentation.

1° Fabrication des fromages de lait écrémé

Les variétés de fromages maigres sont assez nombreuses, je me contenterai de signaler ici les principales. D'une façon générale, les fromages maigres ne jouissent pas d'une bonne réputation, rien que par leur appellation. Il est évident qu'un fromage maigre, c'est-à-dire fabriqué uniquement avec du lait écrémé, n'aura jamais la saveur d'un fromage de lait entier, mais cependant un fromage maigre bien relevé, d'un goût un peu piquant, ne le cède quelquefois pas de beaucoup à certains fromages au lait complet. Certains industriels assimilent la fabrication des fromages maigres à celle des fromages entiers. Ceci est évidemment un tort, car la pâte du fromage maigre devra être beaucoup plus relevée, beaucoup plus assaisonnée que celle des fromages entiers, sans quoi elle resterait fade et serait peu appréciée.

a) *Le fromage blanc maigre* est le plus simple de tous. Après avoir écrémé le lait dont on utilise la crème pour faire du beurre, on laisse la caséine se coaguler sans y ajouter de présure. On fait ensuite écouler le petit lait en pressant légèrement le caillé dans des toiles grossières. Ce dernier est alors distribué dans des moules que l'on place sur une table inclinée jusqu'à ce qu'il soit à peu près complètement égoutté. On saupoudre ensuite les fromages d'un peu de sel bien sec pour leur faire perdre leur saveur fade.

Ces fromages sont surtout destinés à être consommés immédiatement. On peut les conserver quelque temps en les laissant dans un courant d'air à l'abri de la lumière. Malgré toutes les précautions, ils se recouvrent rapidement d'une couche jaunâtre et deviennent rapidement invendables.

b) *La concaillotte* est une sorte de fromage blanc que l'on fabrique dans le Doubs. Quelques fabriques sont maintenant installées aux environs de Paris, où ce produit est surtout demandé par la population ouvrière. Ce commerce a pris ces derniers temps une extension particulière.

On le prépare avec du lait complètement écrémé que l'on abandonne à l'acidification naturelle dans de grands bacs. Quand le lait est devenu suffisamment acide, il se caille.

Une fois le caillé obtenu, on le chauffe à une température voisine de 50° pour le purger de son petit lait et le rétracter davantage. Quand le sérum est évacué, on place le caillé sur une toile où il commence à s'égoutter, puis on le presse pour faire sortir complètement le liquide qui pourrait rester. Finalement, on l'émiette dans des récipients de terre où on le laisse fermenter pendant une semaine, en le remuant chaque jour pour régulariser la fermentation.

La pâte prend alors une coloration jaunâtre et devient onctueuse au toucher. Elle acquiert une odeur caractéristique qui lui donne son cachet particulier.

Pour terminer la fabrication, on fait chauffer cette pâte sur le feu en y ajoutant des épices diverses : sel, poivre, etc., en agitant constamment pour avoir une pâte homogène de consistance voulue. Cette pâte est alors placée dans des bols et prête à livrer aux consommateurs.

On compte que 100 litres de lait écrémé fournissent 5 à 6 kgs de caillé qui donne à son tour 7 à 8 kgs de concaillotte.

c) *Le fromage de foin* est fabriqué surtout dans la partie du pays de Bray située en Normandie, il doit son nom à sa maturation, qui s'effectue dans du foin humide.

Le lait écrémé est chauffé progressivement jusqu'à 28-30° et on ajoute une quantité de présure telle que la coagulation soit à peu près terminée en une heure.

Le caillé est ensuite divisé assez grossièrement et laissé au repos pendant 30 à 40 minutes environ, au bout desquelles on laisse écouler le petit lait.

La masse du caillé est débarrassée de son sérum en la pressant bien dans une toile et on la place dans des moules. Quand ce dernier est mis en moules, on le recouvre d'une plaquette sur laquelle on ajoute des poids pour presser le caillé jusqu'à en obtenir une pâte suffisamment consistante pour la retourner dans le moule et la presser sur l'autre face.

Quand la consistance voulue est atteinte, on place la pâte dans un cercle de bois ayant la moitié de la hauteur du moule et on la laisse ainsi se ressuyer pendant plusieurs jours. Ensuite on la porte au haloir en ayant soin de la saler auparavant.

Au bout de trois à quatre semaines, quand le fromage est bien sec, on le passe à la cave d'affinage, où on l'enveloppe dans du foin. Les fromages sont bons à manger après quatre à cinq mois, suivant le goût des consommateurs.

D'après M. Pommel, la meilleure saison pour la fabrication de ce fromage est passé le mois d'août.

Le rendement est d'environ 6 % et le fromage pèse en moyenne 3 kgs.

Après avoir étudié les trois principaux fromages les plus connus, je passerai directement à la vente du lait écrémé en nature.

2° **Vente du lait écrémé en nature**

Cette utilisation n'ayant qu'une importance minime par rapport aux autres, je ne m'étendrai guère sur ce paragraphe.

D'abord, avant tout, si on veut utiliser le lait écrémé pratiquement pour fournir une nourriture saine et sans danger, il doit être consommé sur place, car si on est obligé de le transporter au loin il est sujet à de mauvaises fermentations et peut devenir dangereux pour celui qui le consomme.

Dans une région comme la Normandie, il ne peut être question de cette utilisation, car les centres importants de consommation manquent partout. Et quand même il en existerait, les Normands, qui sont habitués à boire du lait pur et du cidre depuis si longtemps, ne voudraient pour rien au monde changer de boisson. Et quel est celui qui, à l'heure actuelle, même dans un centre populeux, consentirait à acheter du lait écrémé ?

Cependant la richesse du lait écrémé est telle, qu'en ajoutant des grains de riz, de blé ou de la fécule de pomme de terre, de manière à obtenir 90 grammes de matières amylacées par litre, 4 litres de ce mélange suffisent pour nourrir un homme du poids de 70 kgs au repos.

En France, on a été très sévère pour la réglementation de la vente du lait écrémé en nature, car il est très facile de le frauder et il peut s'altérer trop facilement avant son arrivée chez le consommateur.

Et cependant sont-ils nombreux les produits que l'on peut falsifier et dont la vente est quand même autorisée dans le commerce.

Le beurre, entre parenthèses, pour ne signaler que celui-ci, n'est-il pas tout aussi facile à frauder en y ajoutant de la margarine, que le lait écrémé ? Et somme toute, le consommateur se nourrit comme bon lui semble et achète le produit qui lui convient le mieux.

A la fromagerie du « Domaine du Tremblay », pendant les cinq ou six mois d'été où la fabrication du beurre augmente beaucoup, on cède, aux clients qui donnent leur lait à la fromagerie, du lait écrémé à 1 fr. 50 les 20 litres. On fournit ainsi chaque jour une moyenne de 300 litres. Cette vente en nature ne pourrait se généraliser car elle deviendrait moins avantageuse que l'exploitation des industries annexes, aussi réserve-t-on cette faveur à ceux qui fournissent journellement les plus grosses quantités de lait.

Les emplois directs du lait écrémé sont encore nombreux. C'est ainsi qu'on l'emploie pour coller les boissons (sauf cependant pour les vins rouges, car il agit très fortement sur la couleur), pour fabriquer une peinture spéciale au lait écrémé, pour faire du mastic, etc...

Je vais maintenant aborder une dernière utilisation qui est à l'heure actuelle une des plus avantageuses pour l'utilisation du lait écrémé dans une laiterie : la fabrication de la poudre de lait.

3° **Fabrication de la poudre de lait**

Qu'est-ce d'abord que la poudre de lait ? La poudre de lait est la matière solide que l'on peut réduire en poudre, qui résulte de l'expression complète de l'eau du lait par une évaporation maximum ; c'est ce qu'on peut appeler plus justement : *l'extrait sec du lait*. Sous cette forme, il se conserve beaucoup plus longtemps et est beaucoup plus facile à manipuler et à transporter.

L'idéal pour la fabrication de la poudre de lait est le lait écrémé, car il se conserve beaucoup mieux que le lait entier dont la matière grasse ne tarde pas à rancir.

Malheureusement, le point difficile à obtenir jusqu'ici était d'avoir un produit de bon goût dont les éléments restent digestibles.

On y est à peu près arrivé aujourd'hui, sans toutefois obtenir la perfection voulue, et le principal à demander à la poudre de lait est d'être parfaitement soluble dans l'eau pour reconstituer le plus exactement possible une boisson contenant tous les éléments du lait dans des proportions à peu près identiques, et n'ayant pas un goût de cuit provenant surtout d'une évaporation trop brusque et mal conduite.

Aucun procédé n'a permis de nos jours d'obtenir une poudre absolument soluble, mais les procédés actuels donnent une poudre qui répond néanmoins aux exigences des consommateurs, car ceux qui la consomment beaucoup la mélangent à d'autres produits et, quand même elle ne serait pas entièrement soluble, le petit dépôt qui pourrait rester ne serait pas perdu. A mon humble avis, c'est le sous-produit qui sera appelé à jouer le plus grand rôle dans l'utilisation du lait écrémé par les usines modernes, qui veulent s'avancer un peu dans la voie du progrès. C'est en tout cas, à l'heure actuelle, le produit qui distance de beaucoup la caséine et toutes les autres utilisations du lait écrémé.

Pour réussir dans la fabrication de la poudre de lait, il faut avant tout un lait frais, sain et surtout *non acide*.

A la laiterie du Domaine du Tremblay, où l'on fabrique de la poudre de lait depuis bientôt vingt ans, on ne peut jamais avoir un lait répondant exactement à ces conditions, car il est trop manipulé. En effet, comme on ramasse le lait le matin seulement, les cultivateurs mélangent souvent la traite du soir, c'est-à-dire le lait qui a attendu douze heures, à du lait frais de la traite du matin, et comme il y a souvent pas mal de chemin à faire avant d'arriver à l'usine, le lait se trouve pendant assez longtemps soumis à une température un peu élevé et constamment remué par le balancement de la voiture. Dans ces conditions, on voit facilement qu'il est impossible d'obtenir un lait qui ne soit pas, même légèrement, acide. Pour combattre cette acidité, on ajoute 100 grammes de bicarbonate pour 100 litres de lait. Certains prétendent que le bicarbonate donne un mauvais goût à la poudre de lait, mais, en fait, depuis que nous fabriquons de la poudre de lait, nous ne nous en sommes jamais réellement aperçu.

Le procédé Just Hatmaker est celui que nous employons à l'usine du Tremblay. C'est un des plus anciens et des meilleurs, celui qui, je crois, a eu le plus de succès jusqu'ici, car il est à la fois très simple et donne de très bons résultats. C'est, à mon avis, le meilleur pour une usine de moyenne importance, et je me bornerai à le décrire, en ne signalant que les autres : Ekenberg, Cambell et Benevot-Lenepveu, qui sont surtout intéressants pour les grandes exploitations industrielles, sans pour cela donner de meilleurs résultats.

Dans l'appareil Hatmaker, le principe de la fabrication consiste à faire tomber de minces filets de lait entre deux cylindres métalliques tournant en sens inverse et dont l'écartement est extrêmement restreint. Les cylindres étant fortement chauffés, le lait subit à leur contact le phénomène de la caléfaction et se dessèche à leur surface en formant une mince pellicule.

L'appareil comprend dans son ensemble deux cylindres de fonte, creux intérieurement et rigoureusement polis à l'extérieur. Ces deux cylindres qui, comme je l'ai dit précédemment, tournent en sens inverse, sont placés horizontalement sur un bâti, de façon à être exactement parallèles et à la même hauteur. L'écartement des deux cylindres peut être variable, car l'un d'eux est sur un bâti fixe et l'autre sur un bâti mobile. Il suffit alors d'agir sur une vis de rappel pour régler cet écartement qui, généralement, ne doit pas dépasser

1 $^m/_m$ 5, sans quoi le lait ne pourrait pas subir la caléfaction suffisante et il s'écoulerait entre les cylindres.

Ces cylindres ont une longueur de 1^{m}30 et un diamètre de 0^{m}60.

Les cylindres sont commandés par des engrenages qui sont eux-mêmes actionnés par une poulie qui transmet le mouvement de la machine motrice, qui, ici, est la machine à vapeur signalée plus haut.

Ces engrenages ont une démultiplication déterminée de telle façon que la vitesse des cylindres soit en proportion de la température à laquelle ils sont chauffés et plus la température sera basse, plus la vitesse sera réduite, ceci dans le but que le lait reste plus longtemps exposé à la chaleur du cylindre et que la caléfaction se produise normalement. Les appareils que l'usine possède ici sont chauffés à une température de 155° et tournent à la vitesse de 21 tours à la minute. Ces appareils ont été modifiés car ils ne tournaient autrefois qu'à la vitesse de 14 tours à la minute, et le rendement était réellement insuffisant.

Au-dessus des deux cylindres et juste dans l'axe de l'écartement, se trouve une rampe en cuivre, percée de nombreux petits trous, qui amène le liquide entre les deux cylindres.

Au Tremblay, les machines à poudres sont placées dans une salle close et surmontées d'une hotte en sapin recouverte d'une couche de peinture, de façon à produire un courant d'air suffisant pour entraîner la vapeur et à éviter, au niveau des cylindres, des remous de vapeur qui empêcheraient une bonne dessiccation.

Voici la conduite de la dessiccation telle qu'on la pratique au domaine du Tremblay :

Le lait écrémé, au sortir des écrémeuses centrifuges, est amené dans un bac surélevé pour qu'il puisse descendre par sa seule pression dans les machines. C'est dans ce bac qu'on ajoute le bicarbonate de soude à raison de 1 gramme par litre, quantité pouvant neutraliser jusqu'à 28 et 30° d'acidité.

Dans l'ensemble, la dessiccation est assez simple, cependant on reconnaît facilement à l'aspect et au goût de la poudre si l'on a affaire à un ouvrier consciencieux ayant acquis un doigté particulier par la pratique ou, au contraire, à un débutant ou un ouvrier peu soigneux. C'est qu'en effet les soins apportés et l'habileté de l'ouvrier sont tout pour la qualité de la poudre.

Lorsque le bac d'attente est suffisamment plein et qu'on y a ajouté la quantité de bicarbonate voulue, on met les machines sous pression et, quand la pression de 4 kgs correspondant à la température de 155° est atteinte, on ouvre la vanne d'évacuation du bac. Le lait arrive dans la rampe et s'écoule par les petits trous pratiqués à cet effet, pour tomber entre les deux cylindres. Au contact de la température élevée des cylindres, le lait subit le phénomène de la caléfaction, c'est-à-dire qu'il se forme entre le lait et la surface du cylindre une mince couche de vapeur d'eau empêchant le premier de brûler et de couler dans l'intervalle des tambours.

L'évaporation de l'eau du lait doit se faire aussi rapidement que possible, de façon à ce que le lait reste le moins longtemps possible à la température élevée des cylindres, sans quoi il risquerait de brûler en prenant une teinte roussâtre et un mauvais goût.

La température de 155° à laquelle sont chauffées les machines, semble être une bonne moyenne pour avoir une dessiccation satisfaisante. En effet, nous avons pu remarquer que si la chaleur n'est pas suffisante, la poudre reste humide et ne tarde pas à s'altérer. Si, au contraire, elle est trop élevée, la pellicule se recroqueville sur elle-même et prend une teinte roussâtre de brûlé.

Malgré tout, avec une machine bien réglée et un ouvrier un peu habitué, on peut arriver à de bons résultats.

La quantité de lait qui se trouve entre les deux cylindres occupe une hauteur de plusieurs centimètres, de telle façon qu'elle subit une évaporation préalable et que l'eau se trouve rapidement évacuée.

Le lait entraîné par la rotation des cylindres forme à la surface de ceux-ci une mince pellicule blanchâtre qui reste adhérente aux tambours jusqu'à ce qu'une lame spéciale, très bien affutée et appliquée rigoureusement sur le cylindre, vienne la détacher. Elle tombe dans des caisses spécialement destinées à la recevoir. Cette lame est placée en sens inverse de la rotation des cylindres, de manière à prendre la pellicule en dessous, sans la couper, et à simplement la détacher des tambours. Elle est montée sur un support spécial muni de nombreuses vis de pression permettant de l'appliquer régulièrement sur le cylindre.

Si l'on veut travailler un lait tant soit peu acide, il se forme par la chaleur des petits grumeaux de caséine qui restent plaqués à la surface du cylindre et qu'on ne peut décoller qu'en lavant ce dernier à l'eau très chaude.

Quand la poudre est tombée dans la boîte qui doit la recueillir, on la pilonne d'abord grossièrement avec une dame ou demoiselle en bois, pour briser les pellicules peu faciles à prendre à la pelle. Ce premier pilonnage fait, un ouvrier place les parties de pellicules dans une seconde caisse montée sur un chariot et la conduit au moulin d'où sortira la poudre proprement dite.

Ce moulin comprend une trémie au fond de laquelle tourne un arbre horizontal de 15 centimètres de diamètre environ, muni à sa périphérie de quatre rangées de brosses dures, placées suivant une ellipse allongée et qui prennent le long des parois d'un second cylindre fixe. On place alors les pellicules grossièrement divisées dans la trémie où elles se trouvent prises par les brosses qui les émiettent complètement en les écrasant le long du tambour fixe, en bas duquel se trouve l'orifice de sortie de la poudre.

L'usine du « Domaine du Tremblay » fabrique de la poudre de lait pendant six mois de l'année, du mois d'avril au mois d'octobre.

La quantité journalière de lait écrémé traité varie entre 4 et 5.000 litres.

L'usine possède quatre machines, mais deux sont seulement en service. Elles traitent en moyenne

400 litres de lait à l'heure. Le lait complètement écrémé que l'usine utilise donne un rendement de 9 kgs de poudre pour 100 litres de lait.

Avant la guerre, l'usine avait tenté de fabriquer de la poudre avec du lait entier, mais les résultats ont été déficitaires, car il fallait pour cela avoir un écoulement à peu près immédiat du produit sans quoi il ne tardait pas à rancir et à devenir inutilisable.

Le personnel nécessaire à la conduite de ces deux machines se compose de deux hommes dont l'un s'occupe spécialement des machines et l'autre du moulin et du tamisage.

Après chaque arrêt de la machine, on ouvre les purgeurs pour faire évacuer la vapeur qui reste à l'intérieur des cylindres et on lave soigneusement ceux-ci à l'eau chaude pour les dégraisser et éviter ainsi la contagion des microbes qui pourraient s'y déposer.

Pendant les six mois de l'année où elles sont inutilisées, les machines sont soigneusement nettoyées et enduites sur tous leurs organes d'une légère couche d'huile végétale. Le point principal est d'éviter que les cylindres ne s'oxydent et que la rouille y creuse de petites cavités tout à fait néfastes à la bonne marche de la machine.

Pour cela on enduit ces cylindres d'une bonne couche de valvoline, c'est-à-dire d'une huile épaisse, et on recouvre le tout de papier sulfurisé.

De cette façon, lorsqu'on veut se servir des machines six mois après, les cylindres sont aussi nets que s'ils avaient été entretenus pendant toute l'année.

Emballage. — Généralement, dans les usines où l'on fabrique de la poudre de lait, on emballe celle-ci dans des récipients bien clos, caisses ou barils, d'une contenance de 50 à 60 kgs et garnis intérieurement de papier sulfurisé.

Avant la guerre, l'usine du Tremblay emballait sa poudre de lait dans des boîtes en fer blanc du poids de 1 kg., mais à l'heure actuelle elle a dû abandonner ce mode d'emballage qui devenait vraiment trop onéreux et grevait beaucoup les bénéfices.

On a d'abord essayé de la mettre dans de grandes caisses rectangulaires, contenant en moyenne une cinquantaine de kilos de poudre et garnies intérieurement de papier sulfurisé. Malheureusement, le bois de ces caisses n'était presque jamais assez sec et la poudre ne tardait pas à s'altérer. D'un autre côté, les manipulations de ces caisses étaient peu faciles et en les chargeant il n'était pas rare de voir les ouvriers se blesser, même assez grièvement.

L'usine emploie depuis deux ans un procédé qui n'est peut-être pas très recommandable, mais dont elle n'a pas eu à se plaindre jusqu'ici. Elle place simplement la poudre dans de grands sacs en toile épaisse de bonne qualité, pouvant contenir en moyenne 50 kgs de poudre. Ce procédé paraît être aussi bon qu'un autre, mais le point essentiel à observer, comme pour tous les autres modes d'emballage, est de placer la poudre dans une pièce bien saine, obscure autant que possible, car la lumière a une mauvaise action sur les globules gras de la poudre, et surtout absolument sèche, car la poudre, très hygrométrique, peut absorber jusqu'à 2 % d'humidité.

Au point de vue de la conservation, la poudre de lait écrémé est de beaucoup la plus intéressante, car placée dans de bonnes conditions on peut la conserver jusqu'à dix et douze mois. Cependant, si on veut l'utiliser d'une façon vraiment avantageuse, il ne faut guère attendre plus de un à deux mois, sans quoi, plus elle vieillit plus elle perd de sa solubilité.

Certains industriels ajoutent des produits pour rendre la poudre plus soluble ou pour tuer les microbes qu'elle pourrait contenir, mais tous ces procédés sont interdits par la loi.

Usages de la poudre de lait

COMPOSITION

Voici la composition moyenne de la poudre de lait écrémé :

Eau	7 %
Matières grasses	2 %
Sucre	46 %
Matières azotées	37 %
Matières minérales	8 %

La poudre de lait est un produit qui, comme beaucoup d'autres, peut être très facilement falsifié. Certains commerçants peu scrupuleux y ajoutent des farines plus ou moins bonnes qui augmentent le poids, mais diminuent beaucoup la qualité.

A l'usine du Tremblay, les sacs d'expédition de
la poudre de lait sont plombés au moment de
l'ensachage. En outre, la Société a fait analyser la
poudre et envoie à chacun de ses clients un échantillon de l'analyse qu'il peut faire vérifier lui-même.
Evidemment, comme on ne peut faire une analyse
pour la poudre fabriquée chaque jour, celle-ci peut
accuser de très légères différences dont il ne faut
pas de tenir très grand compte. De plus, la nature
de la poudre est indiquée en gros caractères sur
chaque sac ':

POUDRE DE LAIT ÉCRÉMÉ

DOMAINE DU TREMBLAY

La poudre de lait écrémé vaut en ce moment
4 francs le kilo. Donc, puisque le rendement est
de 9 %, les 100 litres de lait écrémé sont payés
36 francs, soit 0 fr. 36 le litre. On peut donc voir
que cette utilisation laisse en arrière, et de beaucoup, la caséine et l'engraissement des porcs, même
en tenant compte des frais de main-d'œuvre qui
ne sont guère plus élevés que pour les emplois
ci-dessus qui ne paient le lait écrémé que de 6 à
8 centimes le litre.

Les usages du lait en poudre sont assez variés,
notamment pour reconstituer le lait, pour mélanger
à la pâte du pain, aux chocolats, etc...

Pour reconstituer le lait tel qu'il était avant, ce
qui, pratiquement, est à peu près impossible, car
la poudre n'est jamais absolument soluble, on
verse petit à petit sur la poudre, en l'agitant constamment pour la délayer, la quantité d'eau néces-

saire, à une température de 50-60°. Si la poudre n'est pas sucrée, comme dans la majeure partie des cas, on ajoute de 1 à 5 % de sucre.

La proportion d'eau exacte varie suivant la conduite de chaque machine, aussi les fabricants doivent-ils l'indiquer sur chacun de leur emballage. Généralement, au cours de la dessiccation, le lait perd de 90 à 95 % de son eau, donc en tenant compte de l'hygroscopicité de la poudre, cette dernière ne doit pas contenir plus de 6 à 7 % d'eau. La poudre de lait écrémé, qui est sans contredit la plus usitée à l'heure actuelle, est d'une couleur blanche nettement différente de celle de la poudre de lait entier ou demi-écrémé.

Les explorateurs, les compagnies maritimes, nos colonies et surtout les pays chauds qui sont dans l'impossibilité presque absolue de se procurer du lait naturel, offrent des débouchés importants et constants. Ils obtiennent évidemment un lait artificiel qui n'a pas l'arôme et la saveur du lait naturel, mais dont les éléments s'en rapprochent beaucoup.

En France, la poudre de lait n'est pour ainsi dire jamais employée à la reconstitution du lait.

Les débouchés les plus importants sont fournis par les boulangers et les chocolatiers.

La poudre de lait donne un pain d'un très bel aspect, à la croûte croustillante et à la mie bien levée, recommandé surtout aux malades de l'estomac.

Les maisons qui en consomment le plus sont les biscuiteries, fabriques de cacao, de chocolat, de farines lactées, de déjeuners dits instantanés et d'aliments spéciaux pour veaux et volaille.

Certaines laiteries ont songé à l'utiliser dans l'alimentation des animaux et surtout des veaux. Cette poudre pourrait, avec la fécule ou tout autre adjuvant, reconstituer un lait arificiel auquel on ajouterait un peu de lait naturel pour lui rendre les diastases qui auraient été détruites par la chaleur. Mais, étant donnée la valeur économique et sociale de ce produit dans l'alimentation humaine, cette utilisation ne semble guère lucrative.

Certains objectent contre la fabrication du lait en poudre et en faveur de la caséine, qu'elle exige plus d'attention, qu'elle ne permet pas d'élever des porcs avec le sérum et qu'enfin on ne peut pas en traiter une si grande quantité par jour.

La réponse à ces arguments est facile :

1° L'été, on peut, avec le babeurre de la beurrerie, élever et engraisser un grand nombre de porcs.

2° Qu'au point de vue économique et social il est préférable que l'élevage utilise la plus grande partie du lait écrémé et que la quantité qui reste à l'usine soit rendue plus rémunératrice par une meilleure utilisation. Et je crois qu'à l'heure actuelle où l'engraissement des porcs est si aléatoire à cause des cours très variables, il est encore préférable d'utiliser le lait écrémé de cette façon, qui est sans contredit la plus avantageuse.

IV. — **Le petit lait**

Dans une fromagerie un peu importante où l'on traite de grandes quantités de lait, le résidu de la fabrication, le sérum ou petit lait, se trouve lui-même dans de notables proportions.

On retrouve dans le petit lait une bonne partie des éléments qui se trouvaient dans le lait entier et que la caséine en se coagulant n'a pas entraînés : tel que le lactose, qui s'y trouve en assez grande quantité.

Voici du reste la composition du petit lait provenant de la fabrication du camembert :

Eau	95 %
Matières grasses	0,05 %
Sucre de lait	4,3 %
Matières azotées	0,35 %
Cendres	0,3 %
Densité moyenne	1.027,8

Les utilisations industrielles du petit lait sont nombreuses et variées. Je ne voudrais cependant pas m'étendre sur de tels chapitres, qui s'éloignent vraiment trop du domaine agricole ; je me contenterai de signaler ici l'emploi du petit lait pour la nourriture des porcs.

A l'usine du Tremblay, le petit lait qui s'écoule des fromages en fabrication, soit sur les tables à dresser, soit sur les égouttoirs, se rend dans une fosse spéciale, bien cimentée et garnie de plomb intérieurement.

Là, les cultivateurs des environs qui fournissent leur lait à la fromagerie viennent eux-mêmes s'en approvisionner ou les laitiers leur en portent à domicile.

Voici une méthode couramment employée par les cultivateurs de la région qui élèvent et engraissent quelques porcs.

Les jeunes porcs sont sevrés à un mois et demi environ. On leur donne alors un mélange de petit lait et de farine d'orge. Plus les porcs grossissent, plus on diminue la ration de farine pour arriver, à deux mois et demi-trois mois, à ne leur donner que du petit lait dont la ration atteint souvent 35 à 40 litres par jour.

Malheureusement, les cultivateurs n'ont pas toujours des installations spéciales, entretenues avec grand soin et il n'est pas rare qu'ils ajoutent du petit lait sur celui de la veille, sans nettoyer les auges, si bien qu'il se développe un petit champignon rouge qui prend une extension rapide et peut infecter les animaux.

On reproche un autre inconvénient au petit lait, celui de donner une viande molle, un lard qui ne se tient pas et qui a une saveur aigre de petit lait. Ceci semble dû à un excès de sérum non proportionné aux adjuvants utiles.

D'une manière générale, le petit lait seul n'est pas à recommander pour l'engraissement des porcs et il peut même devenir dangereux quand il a subi un commencement de fermentation, ce qui se produit généralement très vite. Dans ce cas, il devient rapidement un foyer d'infection où les microbes des maladies épizootiques ne tardent pas à se développer et à contaminer la porcherie.

Au fur et à mesure que la fermentation s'avance, il prend une odeur de plus en plus répugnante et les porcs l'acceptent alors difficilement.

Quand le petit lait est employé frais, c'est-à-dire presque aussitôt après son soutirage des moules, il a une saveur aigre qui plaît aux porcs, mais si on l'emploie quand il est trop acide, il ne profite pas aux animaux et amène à la longue le rachitisme.

Les usages industriels du petit lait, fabrication de l'alcool de petit lait, extraction du sucre de lait, de l'acide lactique, exigent un matériel et une main-d'œuvre qui deviendraient trop onéreux pour l'annexe d'une laiterie.

V. — **Eaux résiduaires**

A la fromagerie du « Domaine du Tremblay », les eaux d'égouts et de lavage des ustensiles sont amenées par un caniveau de ciment à pente suffisante, dans un puits perdu où elles s'infiltrent en terre.

Les eaux résiduaires, généralement très riches en matières azotées, contiennent aussi un peu de phosphate. Elles pourraient, après neutralisation par la chaux, être utilisées en irrigations sur les prairies.

Ce système d'épandage, pour être pratique, exige que les terrains environnant la laiterie soient en pente suffisante afin que l'écoulement se fasse lentement et que l'irrigation soit régulière.

Le plus souvent, comme au Tremblay par exemple, la fromagerie se trouve située au fond d'un petit vallonnement et tous les terrains environnants se trouvent en surélévation. Il faudrait donc faire une dénivellation qui serait vraiment trop onéreuse et que ne couvriraient pas les bénéfices pouvant résulter de cet épandage.

En outre, il faut une terre se prêtant à une absorption suffisante pour que toutes les eaux puissent s'écouler à peu près régulièrement : les terres qui conviennent le mieux à cette opération sont des terres sablonneuses ou calcaires qui sont peu riches et absorbent facilement les eaux. Les terres argileuses, comme celles qui environnent l'usine du Tremblay, seraient insuffisantes pour pouvoir assurer l'écoulement nécessaire.

Comme on le voit, l'utilisation de ces eaux résiduaires exige un milieu favorable et certaines conditions qui ne peuvent être toujours satisfaites.

VI. — **Babeurre**

Le babeurre est le résidu du barattage de la crème. C'est un liquide blanchâtre, peu consistant et contenant beaucoup d'eau, comme le prouve l'analyse suivante :

Eau	91,3 %
Matières grasses	0,5 %
Caséine	3,5 %
Sucre	4 %
Sels minéraux	0,7 %

L'un des meilleurs usages du lait de beurre est de le donner en nourriture aux porcs, auxquels sa légère acidité plaît beaucoup.

Voici une formule de rationnement qui paraît avantageuse pour l'engraissement des porcs :

```
Babeurre ................  5 litres
Pommes de terre..........  3 kgs
Farine d'orge ...........  0 kg. 400
Son .....................  1 kg. 500
```

Le babeurre peut encore être utilisé dans l'élevage des veaux, mais il faut l'employer avec prudence, car son acidité peut entraîner des diarrhées graves.

Dans certaines régions, on fabrique une sorte de fromage avec le babeurre, mais je ne crois pas que ce soit là une spéculation bien rémunératrice.

CONCLUSION

Par ce modeste travail, au cours duquel de nombreuses erreurs dues à notre inexpérience se sont certainement glissées, nous avons voulu montrer l'organisation que réclame à l'heure actuelle une fromagerie industrielle.

Cependant, bien que l'industrie laitière ait pris en Normandie un essor sans cesse grandissant, nous constatons, en la comparant à celle du Danemark, qu'elle n'est pas encore arrivée à la hauteur de sa tâche. En effet, dans ce petit pays à peine plus grand que la Normandie, la sélection ininterrompue des reproducteurs de choix et leur rationnement basé sur une règle type, ont fait de l'industrie laitière une des premières sources de richesses.

Pourquoi n'imiterions-nous pas, en Normandie, ce peuple aussi prospère, puisque nous possédons des prairies au moins aussi riches, une situation commerciale et des débouchés aussi bons ?

Nous nous sommes en outre efforcés, au cours de la dernière partie de notre travail, de montrer que les sous-produits de la laiterie ont une valeur considérable et qu'il serait tout à fait désastreux au point de vue économique de les négliger.

Après l'étude des différentes utilisations, nous voyons assez nettement qu'à part la fabrication de la poudre de lait, une des plus intéressantes est l'élevage et l'engraissement des porcs. Cependant, elle ne conviendrait pas à une fromagerie importante, car la consommation est relativement peu élevée et elle nécessite trop de soins ; elle serait donc réservée aux petits producteurs de lait.

Ces considérations et ces appréciations sont l'œuvre d'un étudiant sans expérience, qui, en les soumettant à l'examen de MM. les Délégués de la Société des Agriculteurs de France, éprouve le besoin de demander beaucoup d'indulgence.

Nous avons eu là l'occasion de mettre en application les enseignements reçus à l'Institut Agricole. Que nos dévoués maîtres en soient remerciés.

Qu'il nous soit permis, en terminant, d'exprimer à nos chers parents notre témoignage le plus sincère d'affection et de reconnaissance pour l'instruction qu'ils ont bien voulu nous faire donner durant notre jeunesse. Qu'ils soient bien sûrs que de si grands sacrifices porteront leurs fruits et que leur fils suivra toujours la voie du devoir et de l'honneur qu'ils lui ont si fièrement tracée.

René Rollet,
*Lauréat de la Société des Agriculteurs
de France.*

TABLE DES MATIÈRES

TROISIEME PARTIE

Imprimerie Départementale de l'Oise, 26, Rue de Malherbe, Beauvais